从珠江城到中国尊

"源牌自控"为中国楼控梦想而来

祝 萍 章晓航 / 著

羊城晚报出版社

·广州·

图书在版编目（CIP）数据

从珠江城到中国尊："源牌自控"为中国楼控梦想而来 / 祝萍，章晓航著．—广州：羊城晚报出版社，2020.10
ISBN 978-7-5543-0859-2

Ⅰ.①从… Ⅱ.①祝… ②章… Ⅲ.①智能化建筑—自动控制系统 Ⅳ.①TU855

中国版本图书馆CIP数据核字（2020）第195593号

从珠江城到中国尊——"源牌自控"为中国楼控梦想而来
CONG ZHUJIANG CHENG DAO ZHONGGUO ZUN—— "YUANPAI ZIKONG" WEI ZHONGGUO LOUKONG MENGXIANG ER LAI

责任编辑	潘子扬　黄捷生
责任技编	张广生
装帧设计	友间文化
责任校对	谢泽澎
出版发行	羊城晚报出版社
	（广州市天河区黄埔大道中309号羊城创意产业园3-13B　邮编：510665）
	发行部电话：（020）87133824
出 版 人	吴　江
经　　销	广东新华发行集团股份有限公司
印　　刷	佛山市浩文彩色印刷有限公司
	（佛山市南海区狮山科技工业区A区）
规　　格	710毫米×1020毫米　1/16　印张11.375　字数180千
版　　次	2020年10月第1版　2020年10月第1次印刷
书　　号	ISBN 978-7-5543-0859-2
定　　价	48.00元

序
PREFACE

　　改革开放特别是近十年来，我国的超高层楼宇不断涌现，但绝大部分既有建筑都是高耗能建筑，每年要消耗大量的能源。这是因为，在建筑设备运行过程中，对空调、照明、电梯等能耗大、能源消耗不易察觉的机电设备的控制系统出了问题！

　　目前，我国绝大部分的楼控系统基本上由欧美几大品牌垄断中国市场，他们不仅给市场提供大规模标准化生产的硬件，并且把软件也标准化固定，即采用DDC（直接数字控制器）的办法来控制，用以降低楼控成本。从20世纪90年代几乎所有大规模的高层写字楼项目都采用了这种控制器，DDC控制器一度成为楼控不二之选。

　　但是，由DDC控制器为核心的楼宇自动控制系统近年来弊端凸显：由于软件已经固化，无法进行修改，一旦出现硬件或软件问题，就必须请国外品牌的

　　工程师到现场来维修。高额的维修费用、漫长的等待周期，并不是最让人难办的。真正苦恼的事情是，DDC控制器不具有软件的开放性和可变性，不能对这个软件进行适当的修改。

　　而且，当楼控系统出现问题时，建设方多半已经退出项目，或业主单位也无法投入更多资金。而作为物业管理部门，也并没有义务为此买单。责任高悬，无人可应。没人保证这一次、下一次及以后N次的问题该如何解决。于是，一个无奈的选择出现：关闭控制系统的自动运行，以手动控制取代之。

　　明明有自动系统，非要让它形如虚设。这个令人难受的现实，渐渐成为一种越发普遍的现象。

　　中国工程院《中国智能化城市发展战略研究》数据显示，国内超高层建筑已投用的DDC自控系统往往2到5年就恢复到手动控制，只有7%的高层楼宇实现了全局优化运行。从招投标，到安装，再到调试，整个过程花费了巨额的资金，投入了大量的时间，换来的却是掠过水面就迅速沉没的水漂。

　　这种愈演愈烈的情形，引起了越来越多业内人士的担忧和关注。长期关注楼控行业发展的胡百驹先生曾特别撰文《国货当自强——中国楼宇自动控制系统的发展与展望》，在其中发出了振聋发聩的感叹："为什么中国没有自己的楼控技术？"

　　其实，DDC是生产厂家根据楼宇自控特点从工业领域的PLC（可编程控制器）控制系统发展而来的，采用DDC并不能根据每个项目的自身特点进行量身设计开发，因此不可能达到很好的控制效果，这也是目前绝大部分楼宇空调自动控制系统运行效果并不理想的主要原因。

　　更根本的原因，是我们国内还不能自主地掌握楼宇自控的核心技术，处在一种仰人鼻息的无奈地步。反观工业企业的自动化生产线却大量地使用了PLC作为主要的控制器件，他们的控制要求相比较起楼宇控制系统，要求更严格、精度更高、控制逻辑更复杂、控制对象更广泛。我国工控领域中把PLC控制器应用得非常普遍，技术已经非常成熟，既然复杂工业的控制对于使用PLC控制器来说已经是完全成熟的技术，洋品牌的"水土不服"正是中国人自己的机会。如果把PLC用在相对简单得多的楼宇控制中就应该更容易实现，完全摆脱受控于外来技术的困局。

　　在楼控上用PLC控制器还是DDC控制器，这不是两种控制器技术高低的比较问题，不是从技术到技术的比较，最本质的区别其实是两种控制器软件的开放性和可变性。

　　因为热爱，所以不凡。改革开放之后的40年里，勤劳的国人从低端的代工开始，从利益链的波谷做起，一步一步，在许多行业，走到了队伍的前列，甚至成为世界第一。在漫长的韬光养晦之后，我们终于发出了"掌握核心技术"的声音。对于自动化控制专业的从业者来说，用熟练掌握的PLC，创造我们自己完全能够控制的楼控系统，打破国际品牌的垄断，就是在践行"中国智造"精神。

　　2019年年底，高528米的北京第一高楼——中信大厦（曾用名：中国尊）顺利通过竣工验收。作为超高层建筑的中国范本，它创造了11项世界之最，在控制中信大厦室内温度、湿度、洁净度、新风质量等健康舒适人居环境方面，中国自主创新的PLC楼宇自控技术，开启了超高层中国楼宇自控的新时代。

这个楼控新时代的缔造者，正是"源牌自控"。

而在此之前，全球最绿摩天大楼——广州珠江城大厦，则催生了中国自主的PLC楼宇自控技术的诞生，是"源牌自控"生命的起源！

珠江城，其楼宇自控系统最早成规模地采用了PLC控制器。它不一样的控制，不一样的空调，带来完全不一样的室内环境品质，给中国楼控领域带来新的希望，不仅仅是冲破了洋人的垄断，关键是从此楼宇自动控制不再成为聋子的耳朵，运行安全可靠、稳定高效！而且中国人能够完全自主维护，不再看洋人脸色，请求他们的运行维护！

必须创造一个更加舒适、健康的环境；必须考虑控制楼内的温度、湿度、PM2.5、二氧化碳浓度等室内洁净度和空气新鲜度等环境要素；必须与国外产品比一比，谁消耗的能源更少，谁更低碳节能。这些，我国的PLC楼宇自控技术完全可以做到，我们的民族品牌"源牌自控"完全可以做到。

"源牌自控"，它在期待楼控未来，也正在让自己成为未来。

目录
CONTENTS

01
上篇

02

下篇

01

上篇

从广州大学城区域能源站的崭露头角，到全球最绿摩天大楼珠江城的首次大规模采用，再到另一个珠江城——深圳能源大厦的二次验证，"源牌自控"，带着熟悉的内核和陌生的形态，从此走上了中国楼宇自动控制的历史舞台。

楼宇自控，可持续发展的必破之困

　　自两次工业革命之后，世界的发展之快，令人瞠目结舌，这是从古至今的头一遭，这是人类从未从史书中瞧见的、翻天覆地的机遇与变革。煤炭、石油等传统矿物燃料所带动的蒸汽机、内燃机等动力系统的发展，将人类的前进速度推向不断挑战突破的极限。在20世纪初期，小部分快速发展的欧美国家将广大第三世界甩在身后，他们铺张浪费型的发展策略与非正义战争的惊人损耗，尚且能在地球资源可承受的范围内。但是当第二次世界大战硝烟散尽之后，世界格局翻天覆地。曾经被奴役的国家、被欺辱的国家、不发达的国家也渴求国富民安。1986年12月4日，联合国大会第41届会议通过了《发展权利宣言》。发展权，作为一项新的人权正式得到联合国承认并确立。

　　但是发展的成果不可能凭空变出。要想让积贫积弱的国家改头换面，就需要巨量的自然资源，和海量的能耗。

　　发展，就意味着惊人的碳排放量，而碳排放权，其实是发展权。

　　矿物质能源的发现是人类最伟大的发现，促成了人类工业化的革命，随之产生了电气化革命、智能化革命和信息化革命，发展到今天，矿物质能源功不可没。囿于技术，现在我们能够利用的资源确实正在日渐枯竭，我们的地球母亲，如今已是重荷难支。这个客观事实说明一点，能源的低碳化势在必行。

　　在这样别有用心的道德高压和严峻现实的双重考验下，节能，是我们对世界与自然的负责，同时也是更好更快保障我们发展权的必经之路、必成之功。只有贯彻可持续发展的理念，提高能源的使用效率，我们才能摆脱高耗低效的发展模式，在危与机并存的当代完成我国伟大的复兴。

2016年12月4日，《焦点访谈》专门就发展权与中国道路做过一期节目，其中提到"经过了30多年的高速发展，中国经济进入了一个'新常态'时期，GDP增速减缓，经济下行压力增大，环境问题突出，发展面临不可持续的危险。如何破解发展难题，中国找到了一条新的发展之路，那就是十八届五中全会提出的'创新、协调、绿色、开放、共享'的五大发展理念"。并特别提到，《巴黎协定》的正式生效，标志着全世界停下迈向气候灾难的脚步，并开启了一条可持续发展的崭新道路。

我们不能为了自然而放弃发展，我们也不能为了发展而损害自然。只有与自然同行的发展，才是可以持续的。

在这样的社会背景下，当象征着发展的超高层楼宇如雨后春笋一般兴起群立之时，它们的巨额排放量问题，也就令越来越多的人所侧目、所忧虑：建筑业发展迅猛，由此造成的能源消耗，已经占据我国产业能耗的一半左右。

可怕的数据，预示着巨大的能源危机，值得每一个人警觉。但我们常说，危机危机，危中有机。从另外一个角度来思考，如果我们能够做些什么，为高层建筑减一减排，哪怕每一栋楼只会产生些微变化，滴水石穿，汇聚起来的力量便是了不起的质变。

针对楼宇的节能，我们可以做哪些方面的努力呢？实际上，我国古人的智慧已经指明了道路：无外乎开源节流。

所谓开源，就是要让可利用的资源变得多多的。想尽一切办法用可再生的新能源去替代矿物质能源。目前人类的技术已经可以熟练地利用风力、地热能和太阳能等，但有一个影响清洁能源使用效率的问题，暂时难以跨越。那就是新能源利用常常是间歇性的。比如太阳能，即使是沙漠戈壁这样能源丰富的地方，到了晚上，太阳说没就没了。比如潮汐，退潮与涨潮之间有大段的空白时段。所以，如何给新能源们匹配各自合适的储能系统，缩短这些不能利用、或不好利用的空窗期，就是开源的关键。

所谓节流，就是要让不必要的能耗变得少少的。话虽简单，但怎么削减、从哪削减，都是问题，门道不少。在建筑节能上，许多研究者发现可以通过调整建筑地理的布置，因地制宜，改变建筑的结构，减少为对抗狂风与烈阳等环境变化造成的额外损耗。

但光是罗列两个节能的大方向，是不能准确解决建筑能耗的。其一，现在许多楼宇已经自行利用光伏玻璃或风力发电来缓解用电难，但是如上文所说，新能源的利用常常是不稳定的，更不要说楼宇自用这种规格能产出的能量了。其二，通过选择楼宇建设位置和外观设计来节能，这种被动的建筑节能技术确实有用，但并不能切中最核心的能耗大户。

什么才是楼宇建筑中真正的能耗大户？

现代大厦最耗能的单元，是暖通空调系统（HVAC）。已知的数据中，空调的能耗常常占据了整栋大楼能耗的一半以上。因此我们可以说，中国减排的关键之一在楼宇减排，楼宇减排的关键，在空调的节能。

也许有人会说，干脆就不要空调，大家一起艰苦朴素地过日子好了。

不能。

人类在建筑学上的一切奋斗，归根结底都是为了追求人类的福祉而向极限探索的过程。对于现代愈发拥挤的城市，高层建筑是高效利用立体空间的优解，而一个精准控制着室内新风量和温湿度的空调系统，则是让高层生态变得更舒适、更健康的关键因素，或者说当下的最重要因素。因此我们绝不能做杀鸡取卵的事，问题解决之道应该是思考如何降低空调的能耗。

在自发电和建筑被动节能都只能作为辅助增益的情况下，怎么对暖通系统进行开源节流呢？

尽可能提高能源的使用效率，让一分钱当作两分花。

而提高能源效率最重要的，是提高矿物质能源向二次能源转换效益能源的效率。同样是烧一斤煤，一个在大锅炉里高温富氧地爆燃，一个在小炉灶里不均匀浅烧且伴随着大量随烟气溜走的热，明眼人都知道两者利用率差距几何。这一点很重要，但却跟楼宇没什么关系，因为楼宇的电大部分是来自电网，并不用操心、也操不了这个发电能源的心。

那楼宇难道就没有可以做的节能工作了么？

当然有，那就是提高建筑楼宇机电系统效率，其中重点，自然是提高空调系统的效率。

在大楼普遍不怎么高的年代，早期空调并没有背负现在这么多功能与责任，在很长的时间里似乎也没有非解决不可的问题。从最简单的窗机到后来家用分体机的进步，也仅仅解决了前者噪音巨大的问题。但当超高层建筑快速在城市生态里生根发芽、苗壮成长之后，人们突然意识到了空调的重要性。这些庞然大物内里有许多不同的房间，要供给这些房间必要的新风和创造出宜人的温度，每个房间单独配一个分体机自然是匪夷所思的浪费之举。这时候，中央空调便成了唯一解。这种空调是通过调节空气处理机内的空气并将其分配到一个或多个区域，通过改变流向各区域的气流温度来达到室内温度的调节。从美学上，中央空调的工作形态自然就比外墙上挂满分体机的建筑要高级不少，而且统一制冷与各自分配模式，也可以有效节约多余能耗。

最初我们使用的是定风量空调，当它应用在民居住宅或传统小型建筑等简单环境中时，定风量空调的表现是没什么可指责的。但它一旦脱离了这个舒适的工作环境，进入了现代摩天大楼之中，它的缺点便迅速放大。恒定不变的送风量让定风量空调不仅缺乏对各房间因地制宜的把控能力，不能完成复杂高层所需要的暖通标准，还会在没有控制系统指挥的情况下低效工作，造成大量的能源浪费。

在这个为难的境地中，VAV 的出现，让事情有了转机。

Variable air volume，简称VAV，意思就是变风量系统。与在可变温度下提供恒定风量的定风量系统不同，VAV系统能在恒定温度下，按照需要改变所需送出的风量。

20世纪60年代，变风量空调诞生在美国，当时的市场还牢牢被定风量空调系统把持，但很快VAV的优势就在大型建筑中展现出来。相比只适用于小型住所的定风量空调，变风量拥有更精准的温湿度控制，压缩机损耗降低，更小的噪音，更小的能耗，以及最重要的一点，更高的空气品质。凭借这些长处，在VAV变风量空调诞生短短20年间，便迅速占领了高层建筑的市场。

行业已经看清了，应势而改的VAV变风量空调，就是减少暖通耗能的关键技术；而减少暖通耗能的关键，也自然就是减少建筑业能耗的关键！

对于变风量空调来说，它的节能核心在于变。可是怎么变，凭什么来变，就是它能不能完全发挥优势的最大难点。

要调节多区域空间的温湿度，就要对该空间的温度与湿度数据做即时精准的控制，在这些参数基础上，再将操作指令给到末端的箱体，即VAV BOX，去控制风阀，调节风量。

但问题是，如果仅仅只有VAV本身的话，并不太能达到理想的智能效果。如果光依赖它自身的硬件，其实VAV并没有能力去计算节能与温控的最优解。这时候，就轮到智能建筑的大脑与神经——楼宇自动化控制系统（Building Automation System，简称BAS）登场了。

所谓楼宇自动化控制系统，其实是一种分布式控制系统（Distributed Control System），是对楼宇的暖通、照明、电力和消防安全其他系统进行的自动、智能且集中的控制管理系统。这种系统有许多分散在各个末端的直接控制器，但它们的操作常常可集中一处，有统一筹措、提纲挈领之便捷。最开始，这些控制作业统统都是由人工来操作。但是当楼层越来越高、面积越来越大、末端设备越来越多时，人力早已无能为力，只能借助愈发先进的计算机系统与所搭建的通信网络。它几乎肩负着楼内一切设备的指挥、监控和运转。一个高效合理的楼控系统，能够极大提升使用者的舒适度，保障楼宇运行的高效，降低能耗和运营成本，以及延长机器设备的使用寿命。

可见，变风量空调能够实现真正的低能耗，除了自身能力外，还得仰仗一个靠谱的自动控制系统。

对于日新月异的中国，对于这片土地上春笋频冒的现代大楼，VAV变风量空调和楼宇自控系统，也是实现建筑节能的关键。

但与需求相对的技术情况，却不容乐观。中国还没有一个让人信服的国产VAV变风量品牌，也没有一个配套可用的自研楼宇控制系统。而另一边，新兴的中高层建筑又让这部分需求变得越来越多，市场份额越来越大。在这样的情况下，大多数人就会引进已经在国外发展了几十年的所谓成熟外国知名楼控品牌。

但即使在国产举步维艰的境地下，我国也有一批先驱者没有停下对变风量空调的研究。秉承着我国工业的自造传统，顶着"造不如买"的逆风，我国的变风量技术在缓慢前行。国产品牌在变风量市场的比例，小到几乎不可见，但存在就比没有强。他们埋下了一颗火种，埋下了未来翻盘的可能。

20世纪之末的源牌，就是这样一颗火种。

故事发生在1998年。那一年，位于杭州黄金地段的杭州建设银行办公大楼，决定起用一种先进的空调技术，也就是变风量低温送风空调技术。这是国内第一个变风量低温送风空调工程，也是源牌第一次真正接触到变风量空调技术。当时的中国，没有可以为其提供技术服务的厂商，所以杭州建设银行从系统设计与调试，到VAV BOX、AHU等核心产品全部都依赖于外国公司，也因此承担了非常昂贵的造价。最终出于成本考虑，银行只在面向客户服务的大楼一层储蓄所和二层营业大厅部分使用变风量空调。

　　在这个项目中，源牌负责的对象是冰蓄冷机房以及变风量低温送风空调末端系统（含控制系统），是这两部分的总承包。因为变风量部分从设计到可用的施工图，都是由顾问公司负责完成，在这个过程中，源牌学习到了不少关键理论知识，从设计的思路，到安装集成与调试等实操工作。最终，这个投入了大量人力财力的项目，得到了业主们的认同。

　　但对于源牌，杭州建设银行项目的意义是非比寻常的。就像无声惊雷，让源牌人对相关市场与技术有了更深入清醒的认识。因为这个项目，源牌才有了一次向国际一流技术靠拢学习的机会，才有了奋起赶超的理想。

　　由此，他们认识到了变风量空调在未来中国大有可为的潜力，认识到了这项复杂的工艺目前完全依赖外国的困境；认识到了一套合格的控制系统对变风量空调不可或缺的助力，认识到了这项国内空白的技术被把持的现状。

　　这些都让源牌有了一个大胆的愿望，以及坚定的决心：打造属于中国人自己的VAV空调及控制系统。

　　变风量空调本身还好说，此前就已经有人对这方面进行介绍研究。但是与变风量空调配套的控制系统，在此前的中国却真是鲜有人提及。

　　智能控制系统，BAS，简单来说，是由分布周遭如无数神经末梢一般的控制器和集中操作管理的中央计算机组成。市场上存量巨大的成熟楼宇自控系统，控制器通常采用的是名为DDC（Direct Digital Control）的直接数字控制器。这种元件的历史可以追溯到1981年至1982年间澳大利亚企业Midac用R-Tec硬件完成的设计，那时的中国甚至找不出一座符合世界标准的摩天大楼。人有我无，这些DDC楼控系统，便在没有竞争对手的情况下，一进入我国，就迅速占领了大半市场江山，甚至一度达到了令人瞠目的90%以上。有资金和先发优势的国外品牌，在中国市场找到一些有能力的楼控集成商、或者说代理商来销售他们的产品。有先进技术，有广阔市场，有优质销售，有成熟产品。这些外国品牌看似已经无忧无敌，但也埋下了隐患的伏笔。

DDC楼控系统产品有很多优点，它本身包含着配套齐全的硬件与软件，无须另行编程，购买企业可以直接上手使用，使用安装都格外方便快捷。然而问题就出在这个"便捷"上。出于控制市场与经济利益最大化的考虑，外国企业并不开放软件平台权限给使用者，自己也不会针对不同楼宇客户的情况，做出个性化服务。因此对于外形不一、环境迥异的大楼来说，天差地别的楼宇用户往往使用着如出一辙的空调控制系统。这些僵硬的系统自然不能结合各自使用的需求，控制效果常常差强人意。但如果问题只到此为止，那似乎还能勉强为使用者接受。实际上，一旦DDC楼控系统出现问题，楼宇的管理者便会面对这几种结果：

其一，花费高昂的修理费，经历漫长的等待，从外国请来工程师，才能把坏掉的部分修好。而这并不是一劳永逸的。每座大楼里上万个末端和节点，都不可能是百年不坏的一块铁板，它在大楼漫长的生命周期中，必定还需要定期的维护和大大小小的毛病调理。但工程师来一次都难似请神了，如果将这种活动常态化，意味着时间与金钱的耗损是不可估计的。

其二，即使愿意付出巨大的代价，过了几年，技术提供商的产品升级，没人给你做量体裁衣的适配调整，这个产品相当于就没了，想花钱也没地儿花。比如后来楼宇自控厂商认识到各自研发自家的通信协议造成了混乱与浪费，便联合起来搞了一个新的可通用的通信协议，但又没有意愿，或者没有能力对以前卖出的系统进行升级维护，那么这些相关的业主与物管，便似哑巴吃黄连，可奈之何。

其三，即使愿意出钱出力、愿意承担产品无法升级风险的管理者，对接下来的情况也是不能忍受的。那就是在面对外国企业相对较低的效率，较长的沟通、修理周期时，楼层的管理常常被迫陷入长时间的停摆。无数的空调水电在失去控制后依然必须运转不停，无头苍蝇一般，消耗着大于需求的能源。

　　难道就没有一个可行之法了么?

　　其实还有一条解决之路可以走,那就是开放DDC的编程平台,让这些消费者自己或者请第三方的公司对楼宇系统进行适应环境的改写编程。

　　但当国人就开放软件编程平台问题进行商榷时,得到的是斩钉截铁、无可讨论的回复:NO!

　　此时,才是真正的山穷水尽。那摆在广大管理者面前唯一选项便无奈而清晰起来:关闭自动控制系统,重启手动操控。人工智能的时代,被硬生生逼成了智能人工!

　　于是,在我国不少楼层管理实例中,昂贵不菲、本应该发挥着巨大作用的楼控系统,如心脏与神经一般重要的楼控系统,像一次性产品似的,短短工作了几年,便被彻底关闭。取而代之的是效率低下、耗损严重的手动控制,面临的是所谓智能低碳梦想的愈行愈远。

　　标榜着城市先进与繁荣姿态的一座座摩天大楼,内里却是由人在进行最原始的操作模式,这是如何荒诞的现状。

　　而这个荒诞的现状,又隐含着一个悖论。

　　对苛求智能控制的楼宇来说,如果它规模不大,那么比起响应缓慢的智能系统,高效廉价的人工足以应付管理;如果它规模很大,大到指望不上人工作业,但被给予厚望的智能系统却因为自身也应付不了庞大的规模而变得更加缓慢。

　　无论是哪种情况,现在的智能控制系统,都不能解决问题的根本。人工干得了的它做不好,人工干不了的它也替代不了,如此这般我们为什么要启用造价不菲的楼宇自控系统呢?这样的自控系统的意义何在?生来就是为了实现高效管理的控制系统,数据的快速传输和指令的快速送达,是天然不可缺的必要素质。但这些雄霸市场多年的外来系统,居然连实时响应都做不到,就更不要说协同一体的运作了。这真是诡异又讽刺。

　　许多人也许有疑问,这些驰名全球的国际品牌在国内市场怎么就搞出如此多幺蛾子呢？怎么在国外市场就相安无事呢？

我国与他们产品量身的对象——如欧洲发达国家，有着巨大的差异。与此同时，不知道是出于经济成本的考虑，还是骨子里的傲慢，他们从来不针对中国市场的特殊自然与社会条件进行产品的优化改良。即使这些国际品牌坐拥全球市场，创造了数不胜数的楼控实例。

就拿变风量空调最重要的基础功能之一——温控来举例吧。欧洲大陆大部分发达国家所在纬度远高于我国发达的城市集群，如德国汉堡基本与我国极北的漠河持平，因此它们的天气特点，总体上是干燥寒冷的。即使是夏季也很难超过25℃。这样的气候环境下，国外夏季的温度控制在20℃到22℃，送风温差只有3℃到5℃；后来我国自己的变风量空调系统，夏季温度一般控制在26℃，送风温差则达到8℃至10℃。

这种差异只是本土采用国外品牌问题的冰山一角。

在项目规模方面，由于国外人口和分布规模问题，小规模项目多，这些项目所需的控制点自然就少；而我国近年来许多城市都在迎头赶上，急切地需要旗舰级的大楼来证明经济的发展，大项目因此层出不穷，规模也愈来愈宏伟，相应控制点也愈来愈多。

在具体使用环境方面，一座建筑物出于各种原因很难全套照搬外国技术与设备，配合变风量空调与楼控系统使用的其他设施条件，大多数情况比国外的差，因此在相对不佳的工作环境中，洋品牌的成熟产品们常常表现出不够耐用、抗干扰力较差的特点。

而在系统需要满足的目标内容方面，国外的要求相较我国常常表现得更简单。对于大部分欧洲发达城市来说，第一要义是保温保湿，其次便是简单方便的管理与操作。变风量的控制策略，多半以定静压控制为主。所谓定静压，特点是尽量减少风道中的静压，以能满足VAV末端设备风量需求的最小值来控制风机的转速。即使在今天，定静压控制依然占据北美欧洲大部分的市场。而与之相对的模式则是变静压模式，顾名思义，风道中不是一个固定不变的最小静压值，而是一个会随着具体情况发生变化的参数。一方面它会尽量保证静压值处于一个相对的小数。为什么要有这种变化呢？因为相对简易的定静压模式有一个无法忽略的缺陷，那就是很难准确抓住这个最小值。设置过低，达不到温控的效果；设置过高，则风机始终保持着一个高速运行模式，造成能源的极大浪费。

变静压则解决了这一问题。风道静压值在运行过程中会根据情况随时变化，让末端的VAV BOX——一个带有控制器、传感器和风阀等的设备，始终处在良好运行的状态。我们都知道，中国各地的气候是复杂的，南方临海需要的是降温除湿，北方内陆又需要加热增湿。这些多样的要求，很容易将定静压不够灵活的缺点放大。因此，变静压模式更适合我国国情。

但多数时候，这些国外厂商不会特别为中国客户定制变静压模式的变风量空调系统。

不愿意本土化，这就是最麻烦、最头疼的问题所在了。如果他们愿意去尝试，楼控市场与空调系统的一切问题都可以迎刃而解。然而这些洋品牌的态度也分外坚决，或者说是不屑一顾。

当这些与实际要求截然不同的产品被嵌套进来时，大楼的智能运行便变得困难重重。

明明我们需要的是更精准的降温减湿，然而它却具备更好的增湿保温效果；明明我们需要更多的控制点，却因为外国实践规模常常用不了那么多点，而造成传输速度的缓慢和运行的吃力。

那么，我们自己能不能自己把国外的这套控制系统改一改，让它更适合我们的情况呢？

答案从一开始就说过了：不能。程式已经写定，重新编程的权限也不可能开放给我们。

这就成了一个莫比乌斯环似的死局。

在没有备用选项的当时，许多大楼早期只能强行运转起这一套系统，小心翼翼。楼宇与智能系统之间，就像两个互相龃龉的齿轮，彼此内耗，终于在某一天，咔嚓，坏掉了。在已知会遇到的维护困境中，大部分物业管理，选择关掉自动控制系统，回到原始人工操作。

选择艰难，苦言难诉，我们也能够体谅他们。首先，物业是否有责任花巨额费用来维护这套系统，这是有争议的。再说，即使克服种种困难修好了这个系统，它先天的种种不足与后天的水土不服，只不过注定了下一次失败的循环。

就没有质疑产品本身不足么？

有。但在当时，质疑是没有用的。

国内楼控市场早就被这些国际楼控品牌把控，渠道的上下都是承荫于他们的代理商、集成商。乍一看似乎已是铁板一块，无可下手。

就没有人想要支持或培养我国自主的品牌么？

几乎没有。当市场中满是外国所谓知名品牌时，就没有业主愿意冒险去支持国产的品牌了。"我们要选择国际最知名品牌，如果有任何问题我们不担责任，大家都在用。"一位超高层业主单位说。

怪不得中国85%以上的楼宇自控系统形同虚设！以前很多国企都喜欢用IBM的服务器，用SAP的ERP，请麦肯锡做咨询顾问，而忽略了企业自身的问题。

这种不敢为天下先的传统思想，一直是诸多国产技术发展的绝对阻力。我国经济依然在提速，高层建筑在几何指数增多，我国变风量与控制系统市场也随之水涨船高。

想要建设先进的摩天大楼么？想要世界最先进的智能空调管理系统么？都在这里，那些光名字便震耳欲聋的大牌产品。在这样的市场环境下，你可以选择不要，但是你想要就没得选。

接下来的故事循环，我们都知道了。

但是，时代在悄无声息中起着变化。中国从来不缺有识之士与热心之人，他们在心中默默反思着这个问题、求索着解决之道。

源牌的领头人——叶水泉，就是其中之一。他，和他麾下被先进技术所洗礼的工程师们，在20世纪之末，就怀抱起打造自研变风量空调与控制系统的决心与理想。时代的困境，不仅没有让他们退缩畏惧，反而成为他们奋进破局的助推器。

可能有人会说，别人都研究了几十年，你源牌才入局，怎么比得过别人的技术沉淀？

但是叶水泉从不气馁。他一直非常欣赏博恩·崔西的一句话。

"任何人只要专注于一个领域，5年可以成为专家，10年可以成为权威，15年就可以世界顶尖。也就是说，只要你能在一个特定领域，投入7300个小时，就能成为专家；投入14600个小时就能成为权威；而投入21900个小时，就可以成为世界顶尖。但如果你只投入3分钟，你就什么也不是。"

源牌确实在起跑上落后了一些，但正因如此，才须奋起直追，不浪费一丁点可用的时间。

决心是好的，光有决心却远远不够。关于软肋明显却被死死控制于他人之手的楼控系统，叶水泉一直在思考。最后他得出了一个结论，当下楼控系统的物理症结多半在DDC，而我国技术早已有了破局的硬件产品，也有相关的技术。

那就是PLC。

PLC，全称Programmable Logic Controller，是由CPU模块、I（输入）/O（输出）模块、显示模块、电源模块和通信模块等组成的一种可编程控制器。

DDC本身也是一种控制器，可以通过数字设备对某一种条件或过程进行控制；它也可以实现模拟信号与数字信号的转换，并最终传输到中央控制器。一个为楼控而生的DDC，它的产生过程是这样的：根据特定需求，由厂商在不同功能上做出取舍，把PLC大部分功能去除掉，留下两三个适应空调的功能部分，再用编程把它标准化、规整化。

多么奇怪啊，一个服务于复杂智能环境的控制器，竟然天生就已经被固化了功能，固化了用途，后期连重新编程的自由都做不到。

这不合理的现象，催促着源牌要行动起来。

PLC所具有的一众优势，迅捷、灵巧、可靠，DDC都很难与之比肩。而既然弱化的DDC能做到，那功能完整的PLC就没理由做不到。再者说，PLC在我国这个工业大国，早已得到广泛的应用，并拥有深厚的人才储备。那么对PLC了如指掌的国人，凭什么不能做以PLC为核心的楼宇自控系统呢？

这种灵感不知道是什么时候从叶水泉脑海里闪现的。

但就是这不知从何而出的念想，像一丝星火，开始点亮楼控的黑夜……

二

广州大学城区域能源站，PLC初露锋芒

　　有所为有所不为，在确定走PLC这条路上，源牌做足了功夫。

　　2002年，源牌变风量中央空调正式立项研究，开启了长达20年的征途。那时候，源牌人只是渴望掌握自己的变风量空调与楼控技术，能够为困境中的中国楼控探寻一些解决之法，在压抑里送去一些清风。

　　在数年坚持中，他们的目标逐渐远大。源牌人要打造一套完全自主的VAV整体解决方案。这套方案，将以"机电一体化、软硬件自主化、安装施工标准化、调试精确化"的技术路线为指引，集合深化设计、核心产品研制、设备成套安装、精确调试到保障服务于一体。

　　用PLC做楼控！这个由来已久的想法，在叶水泉反复的理论推敲中，变得越来越可行。虽然概念要落地成真，还有很多困境需要突破，还有很多磨砺需要接受。但一条看得见方向的路途，即使再艰难，也让人充满希望。

　　楼控系统的内涵十分丰富，它既可以事无巨细地对大楼进行育儿般的管理，也可以单就某个项目进行精准控制。最初，对于面临市场难题的源牌来说，并没有机会做全方位的超高层自控项目。那么把PLC放在以数量取胜的小项目中锻炼自己，是当时最好的办法。事实上他们也确实这样做了不少工作。

　　有句俗得让人耳朵生茧的老话说：机遇只会给有准备的人。而一个重要的机遇，就在21世纪之初，悄然来到了源牌的面前。

　　凭借PLC为主导设计编写的控制系统方案，源牌成功中标广州大学

城区域能源站，这个当时全国最大的区域能源站。

大部分情况下，能源站一般会建在某栋大楼的地下，或附属裙楼之中。这里会放置复杂多样的机器设备，它们为制造、输送空调所需的温度而终日运转不停。很多人常说，能源站就是心脏，这其实还不准确。它确实是整套暖通系统的心脏，制好的冷热气体或者液体从这里被泵出，输送周身；它又像是人类的双肺，将普通的流动载体规制成需要的温度，就像将氧气融进血液里。没有了制冷造热的能源站，空调系统就成了无源之水、无根之木。

而能源站项目的控制，也是楼宇自控系统的一部分。因为工况复杂，能源站控制对技术有很高的要求，许多外国品牌并不中意此类项目，而源牌正好对能源站颇有心得。不过，巷深藏美酒，如果不做成知名的案例，就难免不为外人所知也。

而广州大学城能源站项目，就是他们展现自己技术力的一次绝佳机会。

2003年1月，广东省政府按照现代城市规划、建设和管理理念，以高标准建设落成了一座总占地18平方千米、可容纳25万大学生的大学城。广州大学城位于四面环水的小谷围岛，建筑总面积达到724万平方米，内有10所高校，几乎相当于一个中等规模的城市。出于节能减排的考虑，大学城决定采用集中供能的模式。

在实际建设中，种种原因让广州大学城能源站项目展现出不小的建设难度。虽然从性质上来说，作为大学城的能源站自然是民用系统，但它的体量规模却是工业系统级别的：当时广州大学城能源站不仅是我国最大的区域供冷项目，也是全球第二大蓄冷区域供冷系统，仅次于31万冷吨·时的美国芝加哥市UNICOM区域供冷项目。具体来说，大学城能源站项目冷冻水管网总长与控制网络距离高达120千米，规划中光带有冰蓄冷系统的冷站就有四个，设计制冷总装机容量11.7万冷吨。

为了能够顺利中标，源牌人为这个项目付出了难以估量的心血。

2003年年底，源牌就已经对广州大学城自动控制项目的招投标做了许多准备工作。这家在冰蓄冷方面全国最早、规模最大的企业，以暖通和自控见长。当时，他们就已经做过全国好几百个项目。其中，不乏有用PLC来做控制的典型案例。这些，对源牌来说，都是宝贵的实践经验。对行业来说，源牌是探路者，因此在业内也已有了一些声望。

时间一晃来到了2004年的春节，此时寒意料峭。当旁人都在愉快地享受难得的假日时，源牌自控工程师林拥军花光了8天的节日时间，来编制广州大学城能源站项目的投标文件。

虽然他是一个人在公司加班，林拥军却丝毫不觉得寂寞，反而干劲十足。对他来说，这是个人第一次做标书；对于公司来说，这个能源站项目具有重大深远的意义。

作为世界第二大的区域供冷项目，广州大学城能源站从一开始，就自然而然与美国芝加哥城这样万众瞩目的超级项目对标。这份重量，让许多跨国集团和老牌公司都纷纷参与了投标的竞争。如果能在竞争中崭露头角，并在后续的建设中交出完美答卷，那将是源牌一鸣惊人的机会。

不过林拥军的劲头，可不只是来自于他个人的热血与责任感，而是对源牌自身实力的信任。

后来，源牌果然用扎实的技术、有说服力的业绩、认真负责的态度和周密的针对性部署，赢得了初步的胜利。这份胜利对于自信满满的源牌来说，并不是多么意料之外的喜悦。作为唯一一家暖通与自控技术双突出的公司，即使在一众大牌之中，也毫不怯懦，而这个优势，也极大助力他们拿下了项目。与源牌逐渐深入的接触中，业主们意识到，源牌既长于自控系统，暖通工艺方面也相当强势。美国约克公司虽然在冷机上有着优势，但在制冷技术集成，特别是系统自动控制能力上他们确实有不足。如果选择源牌，就可获得三重优势：第一，源牌拥有出类拔萃的冰蓄冷系统集成与优秀的自控技术，中标结果无可争论；第二，源牌实践经验丰富，做过许许多多的冰蓄冷集成项目，这是许多竞争者不具备的；第三，源牌可以用强大的暖通工艺能力弥补制冷、蓄冷设备厂家的不足，对项目助益良多。

最终，源牌中标做能源站的自控系统。

对于源牌来说，与良机随行的，是必胜的压力和繁重的工作量。

此时，设计院已经给出了一个能源站初步设计图纸，但对于负责内里核心的源牌来说，这还远远不够。他们必须配合设计院将初步设计转换为可施工的施工图设计。当时，著名品牌约克作为项目的总包，也对源牌提出了深化设计的要求。一个深化设计的内容流程通常分为三个部分：第一是技术路线确认，第二是设备精准选型，第三是施工图设计。之后设计院再会针对源牌的成果进行审核和出图。

第一步的技术路线确认，也就是方案设计的优化，是后续工作开展的基础。在这块划定的平地区域内，要有多少建筑，建筑具体多高；要有什么系统，不同系统功能如何；需要什么设备，这些设备数量多少……这些分门别类的问题都要在这时候提出解决方案。

方案设计优化完成之后，就进入到第二步的初步设计。这是由广东省院等三个设计院共同完成的工作，而能源站内在系统的配备和设备精准选型却出自源牌之手。这对于早已涉足其中的源牌来说，却不是什么大问题。

最后，则是完成能够指导施工单位实际操作的施工图设计。在这一步，业主们所提出的要求必须都体现在图纸之上。

我们曾说，大学城能源站的设计难度与规模是工业级别的。

难度之一在于巨大的体量。它是孤岛中几乎唯一的能源站，要为十多所高校的诸多设施设备、二十几万人提供服务，因此担负着重任的能源站，每日都需要产出、输送难以估量的能量。

难度之二在于区域面积广阔。打个比方，同样是为十栋楼供能，如果这十栋楼鳞次栉比排在一起，那么它们彼此的通信线路就不会太长，能源运输的损耗也可忽略不计。但是广州大学城不一样，每所学校均有大面积的占地以满足教学生活需求，而学校与学校之间彼此也有一定的距离。再加上控制线路并不是单纯走直线连接的关系。如此，在这实际面积看上去并不大的河流冲刷而成的小岛上，在设计中，控制网络的线长竟然达到了120千米。

针对第一个问题，源牌为大学城核心设计了具备四种运行模式的高效节能制冷系统，分别是：夜间蓄冰及供冷模式，冷机单独供冷模式，蓄冰槽单独供冷模式，冷机加蓄冰槽联合供冷模式。这种既高效又节能的四合一模式，日后经过不断的优化，被应用到了一系列大型项目中。这个系统还具有超低温水供冷的特点。冷水供水温度为1 ℃到3 ℃，回水为13 ℃，供回水温差足足有10 ℃到12 ℃。这就意味着，被送出去的冷水可以吸收更多的热量，提供更高的利用率。为了更好达到目标，这套解决办法在后来的设计与落地时，便显得如此庞大：就不说双机热备冗余CPU414-4H PLC控制器和CPU412-2DP PLC控制器等大型设备的数量了，光系统总I/O（输入/输出）控制点数就计达10818点。

但是这个为复杂的使用环境而设计的高标准系统，终于也要认真思考一个长久以来悬而未决的问题：要想让这套先进的制冷系统达到预期效果，就必须要有与之匹配的控制系统。

同时，还有一个棘手的问题，那就是通信线路长度的夸张。上文提到，网络通信线总长有120千米，其中以太网光纤总长为40千米、pofibus总线长为80千米。复杂的要求，使小小的孤岛竟有整整300座换热站。能源站到这些换热站中间，无数条通信线路的循环往复。此外，项目本身四个大能源站还要联系。它们相互之间的距离平均有十几千米，若形成闭环则总长在40千米左右，若换算成通信线则更长，为48千米。为了实现热量的传导，能源站到换热站，换热站与各个楼宇，就像一张密密麻麻的蛛网。

本来就很麻烦的通信问题与控制难点，纠结在一起，对硬件质量和控制系统软件效率提出了更严峻的挑战。

能源站的控制对控制器的选择便没有了悬念：没有任何现成的DDC及配套系统能完美解决这些问题，只有因地制宜的PLC有完成使命的可能！光有PLC也不够，没有最专业的编程能力，没有充分发挥出专业人士的能动性，PLC自己可不会变成大学城能源站最需要的模样。

也许对于后来的源牌来说，这个规模并没有什么了不起。但在2004年，自动化应用技术的广度远不如今天，深度也有待挖掘，这是时代的局限。虽然，源牌确实积累了不少工程经验，但如此规模的项目实属第一次遇到。

难以目测的工作量反倒还是其次，意料之中的诸多难题才是让人头疼的。不过问题虽多，毕竟也要一个一个解决。首先，源牌需要找到一个突破口来打开局面。

最重要的自然是如何利用PLC控制器。

第一个要解决的，是对硬件进行选型。在能源站控制方面，源牌选用的是西门子最高端的S系列，PLC S7-400。在换热站的控制上，则是选用S400的CDU。CDU是无线网络基站系统中TRU和天线系统间的接口，12个CDU通过光纤以太网连成网络，每个站有3000多个控制点。对于S400冗余系统来说，这些点数并不是太多，完全在可控范围内，但编程量却相当大。编程的程序量和控制策略有关系，但可惜的是，在控制策略方面，彼时国内还没有一套完整的控制体系。大学城项目之所以冠绝中国，就是因为能源站的冷机与相关设备的数量之多，单机容量之大，这在当时是史无前例的。要实现这么大规模的群控和蓄冰，需要无数的控制点，更需要清晰可行的控制策略与逻辑指令。

什么是控制策略？什么又是逻辑指令？简单来说，我们往往希望特定的自动化程序能够帮助人类更高效地完成工作，完成分配给程序的任务。而策略，就是工程师让机械达成这个目标而设计的办法。

然而，电子与机械是听不懂人话的，有了可行的策略，工程师还必须把这些内容从人类的语言变成程序可以理解的存在形式，而这个存在形式，就是逻辑；这个变化过程，就是将策略编写成逻辑指令的过程。

　　为了彻底解决控制策略问题，源牌集中了公司最优势力量来攻坚。公司副总张劲松、工程部林拥军等四人开始了长达一个月的闭关行动。在此期间，他们结合以往的控制经验，参考了国际国内的大量资料，联合华南理工大学、天津大学一起研究，并吸取综合了他们的意见。在出关之日，他们完成了《广州大学城区域供冷控制策略》的编制。这样一来，控制策略和逻辑就都有了。

　　但东西好不好用，不是当局者的源牌说了算。

　　广州大学城业主组织了行业里最著名的17位暖通和自控专家，对源牌编制的控制策略进行深入的评审。在评审会上，源牌就广州大学城能源站的暖通和自控分别进行了详细汇报，与会专家均对《广州大学城区域供冷控制策略》展现的成果赞赏有加，一致认为对区域供冷自动控制而言，这是迄今为止国内首个如此全面的技术总结。伴随着极高的评价，源牌的控制策略最终通过了评审。不仅如此，不少与会专家提出了很多中肯的建议，这对源牌来说，是受益匪浅的。

　　随后，源牌根据这份可贵的控制策略，又组织起团队，再花费了整整一个月的时间，把控制策略编成软件的逻辑图。但还不够。在此基础上，他们又用了两个月时间把逻辑图变成了控制软件。完成软件的编制后，软件面临了一轮又一轮的考验，不断测试不断修改，整整三个月时间，这帮暖通和自控的工程师们呕心沥血，联动了一切技术，发挥了个人的极致，终于完成了对控制软件的测试。

　　一个合理的控制系统，就少不了高效的通信网络。120千米，这个可以从广州到惠州的长度，就是他们接下来要解决的问题。

　　既要解决这么复杂的大规模通信，还要保证传输的质量与速度，那么源牌首先就要找到一种更先进的网络系统，和更合适更可靠的物质材料。

　　在与资深的合作友商西门子商讨后，源牌决定直接起用工业以太网。

决定了大方向，细节上也有许多可推敲的地方。比如源牌有现成的光纤与交换机系统，但其实还可以采用GPS无线网络，好处是线路简洁，但缺点是可靠性得不到保障。所以在多方抉择之后，源牌还是采用了光纤，这也是第一次如此大规模采用光纤系统来搭建工业以太网。

工业以太网解决了通信的架构，而Profibus网络，则是一个具体的补充。它本身就是一种成熟而有效的企业服务总线的解决方案，能够为具体的部件之间提供连接整合的功能。能源站采用的是西门子S400H系列的大型PLC，而换热站则采用S200的PLC。但这部分的数量实在是太多了，并不能一一全都并入工业以太网。于是源牌在这部分便采用了Profibus网络连接，作为以太网的子级项目，汇合后再接入以太网。通常Profibus网络用的是总线，RS485总线。这种总线的优点是造价低，连接简单。但问题也很突出，首先是最远通信距离只有1200米，明显不符合能源站的实际要求；其次是传输速率不高，通信容量较少。这些缺点，无法解决项目实际问题。这时，源牌想出了一个办法。他们把光纤延长，远处则用光纤，后面再以总线相连，搭配使用。这样既解决了通信的难题，又避免了全用光纤带来的高昂成本。

此外，源牌还就网络系统布线形式进行了多番论证。一般来说，有新型接法和手拉手接法等多种形式，如果采用新型接法布线会减少，时间也会缩短，但新型接法在Profibus里，需要额外的验证。和西门子交流，发现连经验丰富、技术强悍的西门子也没有类似的经验。并且，一旦布线就没法更改，在加上设备等相关变量之后，失败风险将加大。最终，源牌还是决定采用手拉手方式。

布线方式也好，传输材料也好，源牌都寻找到了最优解。但是解决方案的出现，却从来不是靠运气，而是靠实事求是的工作态度。在这样的工作态度驱动下，PLC硬件控制器有了，编程的策略与落地的控制软件也有了，接下来就是连续不断的测试环节。毕竟自动化虽然有诸多理论与书桌上的部分，但最终不能在项目上落实，那么再漂亮的各种逻辑，终究是镜中之花。

经验告诉源牌，现场进行的正式调试和模拟调试是有差异的。比如，他们曾发现，机器本身的性能和互相的配合，都会影响调试本身的效果，而这常常是模拟时展现不出来的。比如有一次实地调试时，发现制冷机震动不止，后来发现是水泵停得早了，影响到了整个制冷体系。这样大大小小的类似问题，在正式调试时不断发现，又不断被解决。

实际上，即使是令源牌人感到骄傲的通信解决办法，也在实际使用中差点让他们吃了大亏。大学城所在的小谷围岛，是河水冲击形成的孤岛，四下空旷，每逢夏日大雨，便时常会有雷击。当源牌对光纤加总线进行一轮调试之后，表现非常良好，大家都很高兴。但是当晚两点多，突然天降大雨，在一夜轰隆声之后，大家痛心发现，网络整个都瘫痪了。300个换热站，无一例外。找来西门子的技术人员，也没有找到确切原因。这下让源牌负责这个项目的人员心里凉了半截。出现问题不可怕，怕的是找不到原因。找不到原因，就意味着没法解决问题。大家仔细分析，可能是雷击，也有可能是电子干扰。而后在另一场雷雨中，又打坏了模块，这时大家便确认了真正的元凶。找到了原因，解决起来便容易了许多。源牌发现雷击对光纤影响很小，但对总线影响却很大。因为通信电压只有区区5伏，但是雷电却可以瞬间让它达到100伏，远远超出了它的载荷，这就是网络瘫痪的原因。于是源牌在末端加装了避雷器，并适当延长了光纤的比例。就这样，雷击问题再也没有出现。

除开这些偶发且突然的棘手情况，其实调试的难度依然很大。但他们在最初用PLC进行编程的时候，就已经考虑好了：换热站的控制系统有五种类型的板换，他们就可以设定五种标准，每种标准都包括控制、计量、通信三项内容。这三项内容都做成完全标准化的东西，经过反复测试确定可行性之后，就大面积推广。

正因为是标准化的东西，大面积的推广让后期的调试速度变得非常快，一个人一天甚至可以完成15个换热站的检测，并且质量绝对有保证。这种又好又快的成绩背后，其实也隐含着源牌长期艰辛与不懈的探索。

调试工作虽然技术难度不高，但是工作起来却意外艰难。因为时值盛夏，雨水丰茂。大规模基础建设还没有跟上的小谷围，此刻更像是一片荒岛，环境的恶劣程度让人难以想象。道路上都是积水，这是蚊虫繁育的天堂，于是别说室外漫天的吸血鬼，有时候打开大门，都有如风的蚊群带起一阵阴风扑面而来，令人胆寒。另一方面，广州本就潮气难挡，更不要说在水一方的大学城了。做暖通的人最清楚，湿度越大，体感温度就越热。烈日的暴晒，暑气的蒸腾，无一不是严酷的考验。

但是源牌人还是坚持了下来。他们背着自己的电脑，就像剑客背着自己的利剑，当分头行动、各自消失在一端时，就像孤独的逐梦者，为了彼此不屈服的信念与责任感，奋力前行。

2004年9月，广州大学城区域能源站一期末端调试完成，开始供冷；2005年，广州大学城区域能源站二期的末端调试完成。

但对源牌来说，工作并没有到此结束。

从2005年能源站运营开始到之后的一年多时间，调试工作也依然在持续进行着。

2007年，广州大学城委托源牌为广州大学城设计能源管理系统。为此，源牌又专门开发了一套软件，对冷机的效率进行分析，再根据这些数据改进运行，开展设备保养等相关工作。这套系统直到现在对广州大学城都是一个很大的帮助。

也正是在这一年，项目全部完成并顺利进行了移交。关于广州大学城项目，源牌交出了一份不仅是满意而且是"满分"的答卷。

经过测试，大学城能源站冰蓄冷区域供冷系统成绩斐然：系统通过蓄冰可降低高峰负荷用电量，实现削峰填谷，同时大温差供冷，结合水泵采用变频控制技术，大大降低冷量的输送能耗；冷冻水主干管网采用直埋地敷设的DN200至DN1000预制发泡聚氨酯保温的碳钢管，总长约110千米，末端换热间总数283间；自控部分采用工业以太网硬冗余系统，以光纤和电缆介质组建大型Profibus现场总线通信网络，控制点数超过11000点；自控系统能自动、实时采集系统所有机电设备的运行状态、末端负荷状态等参数，并实施过程控制；采用先进的空调负荷预测和优化控制软件，系统可满足末端用户波动较大的冷量需求。

这是能源站的最终落地形态。

该系统比传统空调节能35%；空调装机容量由17.2万冷吨降低至10.6万冷吨，减少38%，并节省设备投资约7亿至8亿元；10所高校较分散式中央空调节约机房建筑面积约4万平方米，节约土建投资7800万元；集中设置冷却塔，减少冷却水流量40%，每年节水90万立方米；环保效益显著，减少热岛效应、降低噪音，减少空调冷媒使用，保护大气臭氧层。

这是能源站最终的傲人成就。

在调试完毕后，广东省的专家到广州大学城能源站召开了专家会，天津设计院的教授、中国热能协会的会长、华南理工大学总工、广东省设计院的设计组组长、西北院的总工等专家到现场对该项目进行验收，他们无一不给出了极高的赞誉与评价：在中国，能够把这么大规模的自动控制系统做出来，非常了不起。

这是当时的成绩，而后能源站又展示它的可持续性。

广州大学城能源站从2005年起，运营至今已有15个年头，但系统依然非常稳定，从来没有出现任何故障。后期，源牌依然为后续服务尽心尽力，每年大学城大概只需投入少量的费用就可以维持高水准的运行与维护。

之所以有今天的成绩，源牌实际上倾注了比要求更多的心血。

在施工方面，源牌是施工督导、是技术的总负责。因此在施工的过程中，无论施工单位有任何问题都可以及时找到源牌。张劲松也策划了一个很好的组织，首先，能源站技术人员有哪些关键点需要去掌控的，他就会把这些关键点罗列出来。为什么要这样做呢？因为负责具体施工建设的单位，虽然有丰富的施工经验，但对自控技术这一块确实稍有欠缺。源牌把每台设备的技术要求都尽力写好写全，再交由他们参考施工，效率与成功率便立刻提升了不少。这在后来也成了源牌的惯例，只要是担任施工督导，他们就遵循这条经验，屡试不爽，效果良好。可以想见，在未来，这条经验还会继续发挥着更多的作用。

源牌为什么这么拼命？因为源牌在接到这个项目时，就有了清醒的认识：这个项目可能会改变源牌控制系统的命运，不仅仅是冰蓄冷，也不仅仅是暖通，而是源牌的梦想——自研的楼宇自控系统。

不做也就罢了，一旦承接下来，还出了错，按照坏事传千里的古训，源牌在这一战役中不能有任何差池。

所以在这个项目上，源牌态度非常端正，他们对这个项目是慎之又慎。而在具体工作中，一些工程师一天五六十个电话寻找各种途径取经，由于用的是西门子的控制器，和西门子的沟通更是家常便饭，听电话听到耳门子都生疼的地步，这些都是再常见不过的体验了。但正是不断地学习、不断地总结、不断地提升，通过一年多时间的调试，各项控制策略得以全部实现。

源牌真正达到了自己为自己树下的目标。

正因为如此，对于源牌来说，广州大学城同样也是他们重要的、自豪的成果。现在参观能源站项目有时也会带其他业主到访广州大学城，他们的第一个大能源站项目。

而能源站的意义，远不只在此。它就像是源牌的黄埔军校一样，在实践中对源牌的技术人员进行了综合深入的培训，锻炼了一大批的人：林拥军、宋勤锋、李睿、章明华……不一而足。他们在暖通与自控方面的专业水平得到了巨大的提高，对综合能源站的控制逻辑理解也更深、更清晰。

不仅仅是对源牌，对中国的暖通技术和自控技术的结合，这些人的存在，意义非凡。

在以前，搞自控的技术人员，需要通过暖通技术人员告诉他们想要的效果和应该怎么做，才能去思考、去编程，离开了暖通相关人员，自控是没办法独立工作的。通过这个项目，这些源牌的自控工程师们，只要看到图纸，他们就知道该怎么控制。暖通和自控，自控和暖通，其实已经在这些源牌工程师的身上融为一体。从这个项目开始，暖通工艺和自控工艺已经完美地融合为有机的一体，为变风量的应用与创新，为"源牌自控"PLC的控制策略编写及后期维护，提供了最强大的基础。

这些人，这些技术，在日后终将会成为源牌、成为楼宇自控技术的中流砥柱。同时，为"源牌自控"的诞生埋下了深深的伏笔。

PLC还差一战，把PLC延伸到末端的一战。而珠江城，就是送给PLC的机会。

也是坚信着PLC潜能的"源牌自控"的机会！

三

珠江城，关于全球最绿的一个梦想

PLC对广州大学城区域能源站的成功控制，引起业界的极大关注。楼宇自控叫BA，能源站里面的控制也是BA，只不过，它是BA里面的一部分，也就是对制冷部分的控制。

楼宇里面自动控制更大的范围，是对用冷系统的控制，也就是我们说的对"空调末端"的控制。它关系到用户的最直接感受，空气中的温度、湿度、PM2.5、新风等控制的好坏，到用户的体验就是温度是否冷热不均、噪声大不大、进入室内的新风是否是高品质的。诸如这些，都需要一套控制系统对这些要求进行精准的控制，呈现给我们的就是节能、高品质、温湿度适宜、无噪声的室内环境。

所以，如果能把PLC对楼宇的控制延伸到末端去，对末端实现精准控制，这样，以自控为核心，串起低碳能源和健康环境，对追求高品质室内环境的大多数上班一族不得不说是一个天大的好事。这个梦想，源牌一直在努力探寻突破口。

机会终于来了。

2005年，一个新的项目在标号为B1-8的地块上奠基，它将是一座恢宏的、未来的摩天大楼，伫立在广州新城市中轴线上，擎直于珠江新城核心地带，成为广州——这座中国南方生机焕发的历史名城的门面。

由于身处广州新城市中轴线上，位于珠江新城核心地带，他们把这座新地标建筑命名"珠江城"。

它必定生而不凡。建设者们无不如此期许。

　　4年后，珠江城拔地而起，如风帆一般岿然于潮风与炎日之中。

　　地面共71层，高309米；地下深掘30米，共5层；总建筑面积共214029平方米。它抛弃了传统的焊接，启用了820000个高强度螺帽与螺栓，以丝毫不差的精度嵌实扣钮，像堆积木一般搭铸起30000吨的钢铁利维坦。

　　如果只是建起一幢超高层建筑，那甚至连广州第一高楼都算不上的珠江城便失去了大书特书的必要。它的不凡，是早于设计图落下第一笔之前的理念：建一座绿色的、超低能耗的超高层建筑。

　　珠江新城被规划定位为广州未来的"中央商务区（CBD）"，结合珠江新城的规划要求，珠江城，最起码要比周边所有的大厦都好，至少20年内不落后。

　　首要的问题，什么样的楼才算"好"，能够20年内不落后？一般的思路，要么就是比高度，要么就是比外型的独特性。在二氧化碳排放过量已经形成全球变暖的大趋势下，建设一栋当代节能环保大厦，为人类地球村的生态平衡做出贡献，这是珠江城的初心，也是珠江城项目的核心价值！它的不凡，是早于设计图落下第一笔之前的理念：建一座绿色的、超低能耗的超高层建筑。

　　在"大胆假设，小心求证"基础上，珠江城给出了自己的定位：室内空气品质一流、环保节能、智能化、人性化的新城市中心标志性建筑，适应国际市场的国际超甲级写字楼。

　　它应当拥有极佳的空气质量与湿度品质，尽可能减少能源的浪费；它应当以人为本，让用户舒适而无虑；要做到这一切，它必定也是智能的。

　　为了实现这一切，珠江城的设计师与建设者们在高楼设计已有技术与经验上推陈出新。

　　首先，他们把大楼变成了一个风力与太阳能的复合发电站。在大楼中层，他们设计了四个贯通南北的敞通风洞。高空的狂风在撞上流线型楼身后便会被引至此处，经过风洞变形增速，带动此间的垂直轴涡轮风力发电机，产生出可观的电力能源。而在建筑日照时间最长的地方，装置了高效的光伏电池组件，这些克服了冷弯技术瓶颈的光伏玻璃，与大楼无数玻璃幕墙融为有机一体，在产能中保持着本身的美感。

300毫米双层呼吸式幕墙上所装的非光伏玻璃也不是凡物，名为Low-E的它们具有强隔热性能和高反射率，能大幅降低室内阳光热辐射，在高透光、低透热的平衡间，减少空调能耗。不仅如此，内外层幕墙之间安装通风装置实现"呼吸"功能，在排走室内污浊空气的同时带走富余热量，大大增强了室内尤其是窗边地带的热舒适性。双层幕墙并非中国首创，它在国外高纬度地区有诸多应用经验，但它的目的是保温而非隔热，因此将Low-E玻璃放在内层。如果不考虑广州的潮热天气而照搬既有设计，不仅会加重制冷的负荷，也会产生结露等问题。而设计师巧妙地把本该在里层的Low-E放置在最外层，在没有增加额外支出的情况下便解决了这个难题。

此外，根据光照自动调整角度的智能遮阳百叶，大量采用弧形天花的漫反射照明系统，双层节能高效电梯的输送，节约了水资源和提高制冷效率的冷凝水回收系统，国内首例实现了自动垃圾分类输送两管制真空垃圾回收系统，等等，不一而足。

珠江城一下子使用11项重要节能环保技术，综合能耗比传统大楼可以降低60%以上。一座摩天大楼使用这么多新技术，全世界罕见，珠江城的出现，给了世界一个强有力的证明，改善全球气候环境，中国在行动。

这些新技术的应用使珠江城成为最难建造的大型建筑物之一。这11项节能技术每一项都分量十足，而最让珠江城引起全球关注的，则是它的空调系统：以冷辐射带需求化通风的空调系统。为了让人在技术最先进的楼宇里，有最舒适的感受，同时大大节省能源，珠江城在采用什么样的空调形式上费了一番脑筋。

空调，就是调节温度和湿度。通常，最适宜于人体的温度是25℃，相对湿度60%。经过考察，珠江城的业主发现，一种在德国、西班牙、

　　英国等国广泛使用的冷辐射空调系统不仅可以比一般空调省电40%左右，而且能够极大地提高室内的空气品质。

　　冷辐射，简单一点说就是在房间的天花板上装上很多的小铜管，采用水为冷媒，冷水流经这些小铜管，循环降低金属天花板的温度，由此降低办公室的温度。冷辐射的作用是降温，再在地板下面通过一个风口把经过处理的、新鲜的干燥空气输送到室内，实现除湿功能。

　　那么，冷辐射空调为什么特别节能呢？原来，控制温度，如夏季要求降温到25℃，只需要20℃的冷媒水就足够了，而控制湿度，却要7℃左右的冷媒水。传统空调把温度和湿度混在一起控制，都用7℃冷媒水。温度控制也用很冷的冷媒水，就如同高射炮打蚊子，太过浪费。冷辐射空调也就是冷媒式空调，把两件事分开来做。该用小米加步枪的绝不用飞机大炮，可少用很多电。当然，冷辐射空调的节能不仅于此，但这个方法是其节能的关键所在。实际上，使用冷辐射空调，在提高室温2℃左右的情况下，让人感到同样舒适。一般地说，冷辐射系统可将室温控制在27℃~28℃。在高温天数较多的广东地区，可以将室温适当提高又不降低人的舒适感，严格地说，反而让人感到更舒适，这也是冷辐射空调技术的重要节能原理之一。

　　这种冷辐射空调技术，虽然已在很多国外的民用建筑上应用，但在中国，冷辐射空调技术的大规模应用，在亚热带地区没有先例，在高温高湿的广东地区也没有先例。

　　具体来说，作为珠江城项目最大亮点、最核心的系统，冷辐射系统是整座大楼温湿度调节、新风供应的中枢，承担室内制冷、通风、天花等功能。系统包括两部分：末端系统（水冷媒辐射供冷系统、干式风机盘管、需求化置换送风）和冷热源机房。

　　末端系统采用温湿度独立精确控制：

　　冷辐射（水冷媒辐射）供冷系统的作用是降温。它根据水良好的热交换性，采用水作为冷媒，通过精确的温度检测，循环降低金属天花板温度，由此降低办公室的温度。同时，近建筑的玻璃幕墙处由于温度较高，安装干式风机盘管来进一步降低室内温度，形成人工洞穴效应。其实就是冷辐射加风机盘管来降温。

需求化置换送风的风是吸入建筑物外界的新风，经过过滤，再进行除湿，再经过再热段把已经经过了除湿的、相对比较干燥的、温度适合的新风，结合人体要求、房间内湿度的检测，根据需要通过控制变风量箱调节每个风口的送风量，实现智能化控制。既满足了房间内人员对温度的需要又避免了金属天花板结露，并以高品质空气质量满足室内空气需求。即使温度、湿度变化范围较大的房间（如会议室），也能始终精准控制室内环境。

末端系统之外，空调系统还综合采用了冷冻水梯级使用、冷水机组串机大温差制冷、排风热回收、冷凝水回收系统、整个系统的所有电动机全部使用变频控制、大跨度垂直布置二级调节等具有开创性的方案，机组结合的方式将新式空调系统的潜力进行了最大限度的发挥。

冷热源机房采用大温差离心机组电制冷和螺杆热泵机组。空调高温回水经第一台制冷机降温后，再经第二台制冷机降温，温度较低的冷水向新风系统提供低温冷水处理空调潜热和除湿，经新风机组升温后的高温冷水向室内末端干式风机盘管及冷辐射制冷系统供冷，减少了因输送质量的做功，实现了按能量品位合理配置冷源、能量的阶梯利用，大大提高空调制冷系统的制冷效率，也节省了空调系统的空气输送能耗。

过渡季节利用冷却塔供冷，利用"免费"冷源降低空调使用能耗，并供应全新风。冬季，系统开启螺杆热泵机组制热，给新风机组提供热水，通过变风量的新风系统送风供暖。冷热源机房夏季采用大温差冷水机组串联运行制冷，上游高温冷水机组供水温度为11℃，综合能效比COP比常规大有提高，空调机组效率大大增加，成为有效降低空调能耗的途径；冷热源机房的空调供、回水温差大（6℃/16℃，温差10℃），水泵变频节能运行，同时可减少空调系统的设备用电量，降低空调设备和配电系统投资成本。

而空调排风热回收技术，与新风处理系统相结合。夏季回收剩余冷量，集中预冷新风，冬季回收余热加湿后送入房间，避免交叉污染，提高热回收量，大幅降低空调能耗，提高系统效率，节能效果明显。空调能耗占建筑能耗的40%。项目空调系统内运行的水温达到16℃即可实现传统空调12℃冷源风机的制冷效果，室内温度设定在28℃就可让人感受到26℃的体感温度，即室内设计温度可提高2℃左右，节省空调系统1/3以上的能耗。"冷辐射＋需求化置换送风"的空调系统除了显著提高了室内温湿度的控制精度，房间空调系统无冷凝水的潮湿表面，送风空气品质高，确保室内热舒适稳定性，免去了传统空调系统空调器的噪声，改善系统、房间声学效果，还避免了出风口直接吹向人体带来的不适感觉。

配以双层内呼吸式Low-E幕墙、智能遮阳百叶，使热回收、送新风、回风等技术综合运用，在大幅度降低空调能耗的同时，全面提升室内办公环境的舒适、安静、健康新标准。

冷辐射空调系统一经采用，就成为珠江城最精彩的一页，因为他们知道冷辐射系统的好处：温度恒定、湿度恒定、全置换通风，而且冷辐射不需要动力，没噪音，非常安静，完全满足了人们对美好生活的追求。

从传统的新风处理机加风机盘管，到后来的变风量系统，到珠江城的冷辐射加变风量系统，珠江城的空调系统包括了冷辐射，包括了风机盘管，包括了变风量系统……称珠江城的空调系统为"空调博物馆"毫不为过。

但是，这个"空调博物馆"不仅规模世界最大，而且在高温高湿的亚热带地区如此应用，技术风险大，对工程质量有极为苛刻的要求，其困难程度超过了很多人的想象。整个空调系统的控制非常复杂，因此空调自控系统的设计必须根据空调工艺的需求进行量身设计开发。

冷辐射是珠江城项目最大的亮点，也是项目众多新技术应用中最难、最关键的系统，因为其新技术多、规模调试难度大且周期长、亚热带首次应用、配合专业单位多。

最重要的是，冷辐射在北欧，由于相对湿度很低，不用担心结露。但华南地区最高湿度达到99%，应用冷辐射系统相比传统的独立VRN空调和全空气系统最大的风险在于，在温度既定、并能有效控制的前提下，末端冷辐射天花板是否会结露！

结露，意味着这套系统在珠江城项目的失败。而珠江城，只允许成功，不允许失败。

而空调，最讲究的自然是控制。要满足冷辐射需要，必须要对控制系统把好关。冷辐射这个新技术，使得珠江城所有人都很警觉，一定不能马虎，一定要找一个很好的控制，否则容易结露。在这个问题上，不再是人云亦云，人们也不敢轻易随大流。

天花板是否结露，取决于应用该系统的空间内，不断变化的湿度能否独立被及时、精确地控制。如果在单个气密性极佳的房间内使用冷辐射系统，可以凭借少量的湿度传感器和较少的VAV BOX变风量系统控制点，合理化供应均匀的新风量，消除室内湿负荷，达到精确而及时地实现理想湿度的效果，避免金属天花板结露，并满足室内空气卫生环境。

但是，珠江城项目的冷辐射系统，应用规模非常大。它的控制难点一个是控制点数多，有25000个点，2500多个VAV BOX，一个VAV BOX，里面要检测温度、湿度、风阀的开度、送风的风量等10个点，点数一多，整个系统包括数据库反应速度会变慢，通信会变慢，运行之后软件是否能承受这么多个点？

第二个难点就是工艺上的了，暖通工艺和自控编程怎么结合？整个珠江城暖通的设计从冷源机房开始，一环套一环，所有的冷冻水怎样能够梯级利用，怎样能够减少输送的能耗（一般大楼的空调供水7℃，回水12℃，5℃温差。珠江城的是6℃供水，16℃回水，10℃温差。一般5℃温差的大楼，要供100吨的水，才能满足大楼的需求，现在是10℃温差，只要供50吨就行了，水泵从输送能耗来说，就可以节省一半了。当然要实现10℃温差，就不是简单的风机盘管就能实现的）？怎样能够在高温高湿环境下避免结露，新风怎么除湿，除湿之后很冷的空气如何加热？所有的控制其实都是环环相扣的，这又是一个难点。

最终都是为了保证每个房间的温度特别是湿度要控制好，保证不结露。保证不结露，项目就成功了一大半。

如果珠江城想要完成它设计的初衷，楼宇自控系统是跨不过去的门槛，是不可轻视的挑战。

珠江城，有得选择吗？

四

追求最优，PLC与DDC的华山论剑

一开始确实没得选择。

所以珠江城的设计单位——广州市设计院的智能化图纸，还是按常规的DDC出的设计。

但到了珠江城这样的体量，空调系统的复杂程度已与普通大楼截然不同，对控制系统也有额外的要求和期许。最起码的一点，投入这么多打造的旗舰标杆，总不能过了三五年就沦落到空调系统依赖人工操作吧。而这不正是许多采用了DDC楼控楼宇的命运么？

明知山有虎，珠江城业主并不打算向虎山行。

为了解决这一问题，珠江城项目业主请了各路专家对珠江城的楼宇自控系统出谋划策，其中，就有在广州大学城区域能源站项目中战功赫赫而一时闻名的源牌科技。

源牌董事长叶水泉深知珠江城的初心与梦想，但作为工作经验丰富的从业者，他也知道这个初心如果投射到具体项目后会变成何等高标准的要求。叶水泉不敢掉以轻心。

"为什么我们不能用PLC对珠江城冷辐射空调系统进行控制呢？"某一日，在珠江城项目总工胡百驹的办公室，叶水泉为自己深思熟虑的想法，发出了声音。

总工胡百驹一听到PLC，眼前一亮，往事泛上心头。

作为珠江城项目总工程师、已是花甲之年的胡百驹，曾先后参加了广州多项知名地标建筑的建设工作和设备管理工作，如东风路的广发银行大厦，人民北路的广控大厦，华南最大体量建筑的中信广场等。可贵的是，他既亲身主持过这些超高楼的工程建设，又亲自从事了近10年的物业设备管理工作，因此一线经验比同行更加丰富。

所以对于DDC楼宇自控系统采用问题，胡总工自己就有切身之痛。1996年竣工的广发银行大厦，当时楼宇自控系统就是采用某外国知名品牌的一整套方案。一开始还不错，但在使用中问题就来了。无论系统出现什么可大或可小的问题，物业都必须找到原厂进行维修，即使只是坏了一个部件，即使只是想就系统内容做一些贴合实际的调整。原厂会派几个工程师过来，接待工作还是要算在楼控产品使用方头上。住，得是五星级酒店；钱，要付美金。而维修价格常常昂贵得令人瞠目，但哪里有讲价的资格？嫌贵找别家？且不说其他楼控品牌不会半路接手别人品牌的运维，且不说落了地的楼控系统如果要进行更换，又是一笔不菲的费用，就算换了其他品牌的DDC楼控，面临的情形也不会有任何变化的可能。

而且如果愿意在价格上认栽，便会迎来长久的等待，几周一月也算快了。这些高昂的成本对于物业管理来说，自然是不可承受之重，能避则避。他们也曾经与外商商量能否贴合大厦实际情况，因地制宜地调整方案，对方的回复简单而直接：不行。无奈，管理者们宁愿麻烦一些、效率低一些，退而求其次，回到手动控制。

无独有偶，胡百驹发现，华南的中信广场和广发银行大厦的情况如出一辙。震惊于这个现象，胡百驹便开始了长期细致的观察。结果是令人深思的：广州环市路一带，甚至广州CBD中心珠江新城，有很多楼宇的自控系统都早已转为手动了。

后来，清华大学建筑节能实验室谭小川副主任到珠江城指导时曾提到一个他们的统计数据：过去所建高楼所采用的楼控系统，90%以上都已无法实现自动控制，也就是这套系统形同虚设。

其实DDC楼控的能力值并不是孱弱到什么也做不了，但品牌方漫天的要价和提供的低效服务，让管理方实在没有精力与金钱去续控制系统的命。钱，并不是没有，可是花了钱却买不到安心，反而会陷入得失之患中，生怕哪天又有哪个部件一坏，又要出钱出力地请神送神了。而品牌方又封锁了技术平台，国内技术人员连后期对系统进行修改的可能性都没有。那么此时的唯一解，就是把以前的系统放弃掉，及时止损。

没有竞品的威胁，合力垄断市场的外国品牌们在中国如鱼得水，但中国的楼宇自控系统却陷入了看不见光明的困境。业内人的胡百驹为此感到忧心忡忡。

这片土地必然还会有春笋一般出现的新摩天大楼，难道除了当冤大头，偌大的中国竟无第二条出路可走么？

广东人常讲"忠忠直直，终归乞食，但乞食都要忠直"。胡百驹总工就是这样一位忠直的人。对于自己的那份"责任田"，他定求尽职尽责。因此作为珠江城总工的他，为了这个控制系统，此刻真可谓操碎了心。

而这一天，叶水泉说出了PLC这个名词，他眼前一亮。源牌所说的PLC，胡百驹是知道的，但是细节内里却并不清楚，只是耳闻源牌在大学城取得了一些成绩，就是用的PLC系统。此时，叶水泉便开始细细讲述他的见解与源牌的实战经历。为什么PLC理论上可以用于楼控，曾经国家电力公司所遇到的教训，广州大学城能源站是如何应用PLC达到现在效果的……

这些内容正中胡百驹的内心关切点，两人惺惺相惜，产生了很多共鸣，本来半个小时的会谈时间，两个多小时过去了还意犹未尽。

后来，一位在工业自控领域的专家告诉胡百驹，PLC是一个在工业领域广泛应用的自动控制硬件，如果用在楼宇里面，完全可行。而且中国所有大学自动控制专业的都得学PLC，拥有丰富的技术人才储备。这对于未来可持续运营来说，都是利好消息。

此刻的胡百驹内心有些激动，他隐隐约约察觉到中国楼宇自控系统破局出现了曙光，PLC是关键，但能不能成功应用于楼宇项目中，他还不敢轻易下判断。

此时，正值21世纪的第一个十年，中国改革开放的第三十个年头，即使我们已经飞速地发展着、赶超着，"欧美"这两个字所代表的含金量不可小觑，"国外品牌就是好"的思维在国民意识中像磐石一样坚固。

在这样的市场与舆论环境下，话语权被紧紧掌握在洋品牌的手里。即便PLC已经在工业领域有着出色的表现，尽管PLC对于楼宇机房部分的控制早已驾轻就熟，尽管DDC只是PLC一个特型产品，尽管PLC强大的编程和适应能力用于楼控简直是牛刀杀鸡，但是，却没有人敢轻易提出这个"PLC取代DDC"的创新方案。没有人敢为它轻易站台，政府没有，相关企业也没有。一旦出了问题，那么提出这个想法的人必定会为千夫所指。但如果沿用业界常规产品，即使知道肯定会出问题，却也无人可以挑剔。

但现在，情况不一样了。

2009年的某日，广州CBD中心珠江城项目会议室，一场关于智能楼控系统具体实施办法的讨论展开了。这场会议，珠江城请来了各路专家，既有支持传统品牌DDC的代表，也有支持新兴的拥有无可比拟灵活性的PLC的代表。

首先发声的是DDC方。

"目前我国的高端楼宇采用DDC对空调系统进行自动化控制的案例比比皆是，请问PLC在中国有普及吗？有成熟的方案么？为什么要放着现成的办法不用，偏要另辟蹊径搞什么从来没用过的PLC？"DDC方发出质疑是意料之中的，因为既有的成套解决方案就是DDC引以为傲的优势。

"您说得没错，DDC对楼宇进行自动控制的案例比比皆是。但真正称得上成功的案例有多少呢？国内的大部分超高层，请大家看看，他们的DDC系统的使用现状到底如何？"PLC方支持者毫不怯弱，尖锐地回应道。

一针见血！DDC方的支持者沉默了，因为这确实是DDC无法辩驳、不可争论的使用现状。

"DDC对楼宇进行自动控制的情况，大家也都看到了。就算是控制普通超高层都困难重重，现在珠江城项目已经决定采用温湿度独立控制方法。而DDC，对湿度进行控制，他们也没有成功的案例。"PLC方继续摆着对方无法驳斥的现实。

当时，项目组的专家们考虑到只有精准控制湿度，让它低于露点，才能在潮湿的广州彻底避免室内结露，因此为珠江城特别设计的温度、湿度独立控制方案。这个方案不同于以往普通的控制要求，温度固然很重要，但此时最重要的是对湿度的精准控制。而做不到这一点的DDC，那一点现成便捷的优势，在珠江城面前荡然无存。

"DDC也许不够成功，却也不意味着PLC一定能行。"对PLC抱怀疑的态度的专家提出了意见。从逻辑学上来讲，他的话是对的。

"我们应该回到问题的原点，那就是：一个合格的楼控系统，到底应该具备哪些功能，为我们提供什么样的服务与便捷。我们先不讨论风机与水泵这些具体细节，我们再强调一遍，合格楼控系统，是实现对我们珠江城整个温度与湿度有效智能、独立又联动的控制。"PLC方接着说道。

"我们所采用的一系列节能技术，比如双层幕墙，此前绝大多数应用的成功案例都在北方。在干燥寒冷的环境中，双层幕墙首先保障的是温暖湿润。而潮热逼人的广州，与之恰恰相反，我们要的是除湿隔热。如果生搬硬套把北方的经验照搬到南方，我看是行不通。起码在这个湿度上，就可能有大隐患。"

"前期，我们的工程师与设计师们钻研出很多的奇思妙想，他们用冷辐射取代风冷系统，他们调整出风口位置设计出自然的风道，他们把双层玻璃位置对调以求更好的隔热效果……这些都在硬件上节约了相当可观的能源消耗还依然创造了舒适的环境。如果我们不好好调研出一款合格的控制产品，那他们的努力、他们的创新，是不是白费了？所以我们必须要回答这个问题，DDC也好、PLC也好，到底哪个C能够更好地

control（控制）珠江城这个庞大的生态系统。DDC能么？DDC根本没有对湿度进行控制的功能，它既定的程式是按照温度控制来编写的，用对温度的控制去控制湿度，这对于北方来说也许是合适的、可以勉强用同一套方案，但在情况截然不同的广州，如若我们不能改变它，意味着它就不能解决我们的痛点。"

"还有，珠江城有25000多个控制点，反应速度必须要快，如果反应速度不够快，将来就有可能出现结露，到时就屋里面下雨了。不单如此，到时结构都有可能损坏。这是温湿度控制最可怕的一件事情。要防止它结露，对控制的可靠性要求、通信速度都要比其他项目高。PLC的通信速度快，可靠性又是工业级的。"

"我国有句大家耳熟能详的成语：因地制宜。《吴越春秋》里说，有一个人种的树都长势喜人，别人请教他经验，他说他只是根据具体情况因势利导。我们党也早在几十年前就说过了，不能搞教条主义。一个这么大的项目，不研究具体实际，不考虑它的特殊之处，光是生搬硬套，贪图现成方案那点便利性，最后不仅做不好，肯定还会付出更惨痛的代价。欲求捷径，反绕远路，得不偿失。"

"那么PLC做得到么？答案是，当然。因为它本来就是工业级出身，控制与通信的速率与可靠性都是有保障的，这是它的立身之本，如果像DDC一样慢，它就控制不了工业的流水线。甚至说得不恰当一些，把PLC放到楼宇自控系统里，简直是在大材小用。"

"还有另外一个情况，要实现对珠江城的湿度控制，无论DDC也好，PLC也罢，势必都要重新编程。是在PLC这个功能强大的开放平台编程容易呢，还是对写满程序的DDC进行修改容易呢？何况，实际上我们并没有权限对DDC进行编程。"

PLC方从珠江城要解决的实际问题出发，分析了解决问题的关键，诚恳描述了PLC的功能性和DDC的先天缺陷。说到底，目前的DDC根本就掌控不了湿度。

实话来说，DDC并不是完全不能控制珠江城的这套系统，只不过要全面降级，只能做最简单的逻辑控制，而湿度问题也许可以让厂商额外添加。但它天生龟速一般的通信速度根本不可能及时传递末端的信息，也不能及时输送中央的指令，这样即使当时末端数据是准确的，在完成一轮的信息交互时早就不知道几个小时后了。没有可用的信息，怎么可能精确掌握当时的湿度？不精确掌握湿度，如何预防结露？而且DDC的问题可不止速度慢。在难以胜数的楼控项目里，DDC时不时会上演通信中断的情况。如此一来，可能这头屋内都在下雨了，那边数据中心还显示情势一片大好。珠江城不愿意承担这样不可控的意外风险。

经过这场大讨论，与会者对珠江城空调控制系统了解更深，大家几乎一边倒支持PLC技术。如果不带任何偏见，很多专家都知道，用PLC来做楼宇控制实属大材小用。但奇怪的是，在此之前，大家竟觉得用DDC做楼控是自然而然的，而更全面的PLC却是异想天开。但思路一旦被打开，他们突然意识到，工业PLC控制技术远远超出建筑所需水平，如果在珠江城用PLC对楼宇进行控制，怎么可能做不到呢？我们用一个通俗的例子就可以分析这两者的功能之别。PLC是一辆手动挡汽车，它可能有一点麻烦，需要在不同的路况和速度下不停操作换挡，但是对于老司机来说，手动挡起步快、变速稳、油耗低，而且机械结构质量也格外耐用；而DDC则像自动挡，对于新手来说，方便简单，只需要操控刹车和油门，就能应付简单的路况，但它永远也比不上手动挡的灵动，也对付不了一些特殊情况，更没有手动挡能创造的可能性。珠江城，就是这样的特殊情况。

专家们对DDC和PLC优劣的激烈争论，珠江城置业公司总经理叶志明全都看在眼里，不动声色间也听到了心里。这位本来是财务出身的工程"门外汉"，因为参与珠江城的建设管理工作，被生生培养成了比专家还专家的全才。他参加的专家论证会多了，渐渐明白了技术关键所在。他经常说，专家有不同类型，有些专家是纯专业专才，有些是跨学科通才，后者并不多见。他要听的，是专家们互相的争论，从他们的"吵架"中去伪存真。这个位置，要求他必须成为一个敢于担当又有全局视野的人。而这种对职业的热忱与自我要求，来自他的使命感和党性。因此本着对国家负责的态度，他从一开始，就对环保节能技术有超乎想象的支持力度。

在决定珠江城使用DDC还是PLC智能控制时，叶志明投了PLC一票，珠江城总工胡百驹也投了PLC一票。能够带来更好的品质，能够节能，他们愿意对新技术进行更多的尝试。

使用大规模冷辐射技术可以大幅节能，又极大地改善室内空气品质，好，我们愿意尝试。

全新的智能化大楼管理系统，可以全面优化大楼节能环保、安全管理、效能管理等方面，好，我们也愿意尝试。

对于源牌来说，用PLC拿下珠江城控制系统的项目，可能说服业主的过程会比较艰难，他们也做好了心理准备。

结果这群富有开拓精神的业主很快就接受了这个新兴方案。

一方面，论证结果就是PLC能满足珠江城一切的需要，在节能减排的基础上高标准实现静谧无风、洁净干爽的环境设置；另一方面，PLC能够成功，则表示楼控系统不会在日后形同虚设。这个大胆的实践如果在珠江城取得了成功，就可以推广到全国，而中国楼控市场也不再受制于洋。

但是，PLC的阻力并不只是来自珠江城内部专家和业主的研讨与抉择，还来自外部复杂的楼控市场生态。胡百驹的几个"DDC朋友"，一再找他游说，说珠江城还是上DDC稳妥。内容无非是"DDC更加成熟稳妥，PLC风险太大"。这一边，叶志明总经理也收到类似的信息：叶总要小心，如果用PLC，注定要失败……

劝说的背后原因，胡百驹清楚，叶志明清楚，源牌的叶水泉更清楚。

如果珠江城试水PLC还取得了成功，那就意味着，中国的楼宇自控系统市场可能会彻底打破如今的稳定架构，建立起新的秩序。不是说

"打破垄断的永远是外来的力量"吗？对垄断着楼控市场的DDC来说，PLC正是这个外来力量。这个外来力量，也注定推动我国楼控技术稳健地向前发展。

而珠江城的业主们，也做着这样深远的考虑。

在对PLC智能控制了解日深之后，对于哪种选择能实现珠江城的品质提升和有利运维，叶志明、胡百驹等业主单位的领导心中都有了清楚的认识。

但此刻，他们还抱有一种更高尚、更长远的愿望。珠江城的建设者们，无论是"元老"还是后来加入者，此刻都不再单纯地局限于珠江城项目来考虑问题。他们感觉到了，如果PLC能在珠江城大放光彩，证明它的可行性，那就不仅仅是中国楼控的机遇，也将是撼动世界楼控市场的关键。虽然现实依然是严峻的，PLC在珠江城的征程尚且还在构想之中，但是，他们站立于事实的基础，便从微明微暗的未来中，瞧见了令人振奋的光芒。

中国的楼宇自动控制市场不能就这样被国外企业所垄断。我们已经跟着国外学了30多年的楼控技术，是时候创造属于我们自己的东西了。

从百废待兴到蓬勃向上，30多年来，中国的楼控市场一直被外来品牌紧紧握住命脉，不可挣扎，任人宰割。但现在，我们明明有了实力，难道还甘心固守一隅、碌碌无为么？

绝不。

那时候的他们——珠江城的缔造者、决策者们，虽然没有明言，但正是这种朴素的家国情怀与强烈的责任感，推动他们去逐梦、去冒险、去开启未知的领域。

而历史的转折，往往就是在这些悄无声息的一念之间，缓缓拉开了序幕。

五

"源牌自控"，向我们走来

后来与会的人在回忆那天的研讨争论时，说："其实珠江城业主来参加会议时自身是没有预设立场的。"

按照珠江城总控计划，智能化工程"智能化BA及总集成系统"开放招标之初是不设限制的。在面对各方产品与方案时，业主们以开放包容的心态表现出一视同仁的专业，这种公平反而是PLC胜出的关键原因之一。毕竟在以前，许多甲方光是听到PLC与楼控放在一起，就会立刻否决掉。

在经过多项指标横向的科学对比之后，珠江城业主们通过了自控系统控制器采用PLC的决定。他们认为，PLC编程能力强，可以完全满足珠江城工程特殊工艺的需要；并且PLC可靠性高，抗干扰能力强，因此控制器直接全部采用PLC，没有必要另设DDC部分，避免两者通信的龃龉。

在敲定了这个大方向后，项目组便立刻开始了对投标企业紧锣密鼓的筛选与考察。

虽然大家对PLC充满了信心和期待，但也难免有忐忑，毕竟这个技术在民用建筑领域使用得确实是太少了。没有太多现存的可参考案例，各集成商也缺少工程实施经验，这些都是一开始就预料到的外部困境。回到珠江城本身的难题，它包含了太多创新项目与技术，每一项的完美呈现都意味着不小的挑战，同时这些新技术彼此又盘根错节。为了要把握全局，整个控制系统的策略逻辑光想一想就异常复杂。这些实际的困难都明示着：珠江城楼控系统的承包商必须有着深厚的理论技术与实践积累，能够做到因地制宜，并在对PLC有着深刻理解的基础前提下，为珠江城设计出一套独一无二、严丝合缝的解决方案。

因此，珠江城业主单位当时对各地的潜在投标人进行了认真的考察，着眼单位的综合实力、当前业绩和已完成项目的多方情况，为这个只能成功、不能失败的方案选出最佳的织梦者。在招标时，项目组明确地对乙方能力提出了几点高标准的要求：一是投标单位必须达到设计、施工双甲；二是具有PLC和VAV工程经验；三是还需具有较强的编程能力。在这种严苛的条件下，能够有资格竞标的单位都算是凤毛麟角，故招标的范围必然不能仅仅局限本地。只有放眼全国，才能在PLC并不强势的当时，发掘出最合适的承包商。

而这些考察内容虽然看似眼花缭乱，其实都是有的放矢。

一方面，业主单位要考虑智能化工程专业承包队伍的专业综合能力及专业技术水平。这其中包括与设计院和总包单位、分包单位的沟通协同能力，以PLC系统软件开发为主的二次设计开发能力，以及其他需要配合的服务，等等，不一而足。除开人力与管理层面，珠江城的业主单位还会系统参考这些单位近几年已完成或正在施工的类似技术和类似项目。

另一方面，他们要仔细考核投标单位的管理水平，了解其组织机构的设置及运转情况，考察其管理水平是否科学、合理，包括领导层、管理层和操作层的有关情况。因为一个合理的管理团队意味着高效的生产过程与稳定的商品品质。

而这窥豹之管，就是各个投标单位所拟派珠江城项目的项目经理、总工及专业负责人。珠江城多次召开有这些群体参加的多方座谈会，听取他们关于"智能化楼控系统及系统集成"的管理、协调及专业能力和工程实施、调试、验收等情况的汇报。

整个考察与招标过程细致深入到无以复加的境地，优中选优，只为确保项目的万无一失。每一个为这个项目付出的人知道，珠江城事关重大，绝不可马虎。一旦松懈，功亏一篑。而这百步之行，现下已经是最后也是最关键的一环。成败在此，必须谨慎！谨慎！再谨慎！

时间到了2009年的深秋之际。珠江城的业主们在六家投标单位中，进行着最后的观察与抉择。而源牌，就是其中最引人注目的一家。

此时的源牌，早已完成了不少项目：上海世博中心空调自控系统、杭州市民中心空调自控系统、上海浦东国际机场空调自控及集成系统、广州大学城集中供冷系统自动化控制、广州全球通VAV空调及空调自控系统、国家电力调度大厦空调自控等。这些项目体量都不算小，建筑面积70000平方米的国家电力调度大厦也有3000余个控制点，杭州市民中心监控硬接点数则约8200个点，而让源牌引以为傲、同样复杂非凡的广州大学城自动控制系统总控制数则多达10200个。

手握诸多实绩的他们，很难不脱颖而出，令人青眼有加。

源牌虽然出现的时间不算长，但它的历史其实有些悠久。其前身可以追溯到1956年成立于上海的电力工业部上海机械研究室，因此有着研发的传统与优势，理论技术领域的研究相当扎实深入。在自主设计与建设的源牌自有研发中心和实验室里，源牌结出了许多值得行业骄傲的成果。

在这种技术力的保证下，源牌的涉足范围也相当广泛，目前经营领域包括空调建筑节能、工业与楼宇自动化、新能源等相互关联又各自开花的项目。既有历史的积累，又有现在的奋进，在空调系统总承包和能源管理方面如水桶一样结实的源牌，优势肉眼可见。

俗话说，纸上得来终觉浅。为了能更深入考察企业，珠江城业主组织了对投标单位的实地参观。虽然已经看过不少项目，当他们来到源牌位于杭州市西苑一路、由浙江省科技厅所资助的省级重点实验室时，还是被眼前的所见所闻震撼。

早在投标之初——2008年12月，源牌就在他们的这个省级重点实验室里，结合珠江城的实际情况，搭建起了专属的实验项目。并于2009年2月调试完成，正式开始运转，至珠江城业主前来调研之时，已经测试良久。

这两个辐射制冷实验室，位于国电机械大楼浙江省空调蓄能与建筑节能重点实验室的内区，一个是测试RUNPAG（源牌）柔性辐射顶板而建的实验室A，另一个则是采用毛细管平板辐射的实验室B。

实验室A房间大小为22平方米：5.45米（长）×4.06米（宽）×2.83米（高）。实验室B房间大小为20平方米：5.00米（长）×4.00米（宽）×2.83米（高）。根据房间具体容积情况，样板间A共布置了32块柔性辐射吊顶板，单块辐射板大小为0.557平方米：1.155米（长）×0.5米（宽）。样板间B共布置了8组毛细管网栅：天花4组，侧墙4组。

为了得到更有效的参考数据，为了更好验证源牌自己的产品和控制逻辑，即使做不到等比缩放，这个实验室一切的搭建都力求和珠江城实际情况相似。比如变风量装置，实验室也装了一台，冷辐射板也完全和现场一样，温控器和现场也一样。

对于参观的业主代表来说，所见所闻有些令人动容。要建造这样的实验项目，一定会花费源牌大量的财力与人力，因此一般的工程公司和设计院是不会为一个项目的竞标，而严谨较真到这个程度的。

但源牌不一样。正是因为一直的科研所背景，而董事长叶水泉又是专家型的企业家，所以公司里学术氛围浓厚，重视原创性的开发和实验条件的建设。相比之下，国外知名品牌在国内则以代理为主，代理和经销商们没有能力去做同样的事。而有能力的品牌方也绝不可能把自己的核心技术、资深的工作人员统统调到中国，只为某个项目而去搭建这样的实验室。成本太高，何苦来哉。

在业主考察的实验室现场，珠江城业主参观了与珠江城同款的冷辐射系统，观摩了VAV系统风量测试、噪声测试和气流组织性能测试，也检验了源牌整套的控制逻辑，系统如预期一般，运行结果稳定。

而所有人最关心的温湿度控制，自然也不例外。源牌工程师付乐和另一位同事演示了对珠江城项目VAV系统搭建的控制模型。通过设置温、湿度传感器，经软件计算得出准确的绝对湿度，再以此为依据控制风阀开合与风量，通过图表及曲线来分析，让末端的温度误差不超过0.5℃，相对湿度则在在8℃到10℃浮动。这个结果证明了，用PLC来控制温湿度，不仅能够保证结果的精确，而且还能进行实时的调整。

温湿度的问题解决了，与之相关的结露问题自然是重点。为此，源牌也进行了无数次的实验与调试。通过控制不同的变量，最终完全明确了结露的条件与时间点，什么情况会出现露水，在不同情况下添加什么样的条件就不会出现露水。在这些扎实的实验数据的基础上，源牌有自信让珠江城内部绝不出现不该有的水滴。

珠江城项目的核心人物之一，胡良军在后来回忆说："没有结露，说明温湿度、特别是湿度控制得好，做到了这一点，我们的项目就成功了一大半了。"

项目的成功来自解决温湿度问题，而温湿度问题的解决就离不开这个实验台。实验台的整体设计和搭建都是源牌的总工刘月琴在负责，核心技术也全是源牌所有。对于这个一直将国产楼控梦怀抱在心的企业来说，如果源牌的PLC楼控技术能够成功在珠江城这个有影响力、规模大、全球关注的项目上成功使用，那既是为PLC这朵工业的高岭之花正名的机会，又是实践并展现源牌楼控技术水平的机会，更是证明中国人可以有、也已经有了自己成熟的楼控产品的机会。

这一切，无异于梦想已经成功了一半。对于厚积薄发、卧薪尝胆的源牌人来说，将带来怎样的自信心和自豪感？

参观之后，在珠江城业主单位与源牌的座谈中，源牌的空调和自控技术人员还对珠江项目的空调系统提出了一些建议，源牌认为，珠江城的冷辐射吊顶应该选择铜管与金属吊顶接触面大的产品，露点传感器设置在外区或易结露位置。VAV系统宜设置两级静压控制，第一级在每个楼层设置，通过压力传感器调节本层风阀达到控制本层新风量；第二级设置在新风总管路上，根据每层静压值调节总风量。并且建议，把楼宇控制与VAV控制包含在一个统一的整体中，便于实施单位能执行统一的控制策略，同时共用一些控制器，减少预留量，可以节省投资。

为什么会提到这一点呢？

本来，按照最初设想，湿度和温度的控制是各自独立的。负责检测并控制室内空气湿度的是VAV及新风系统；温度则比较复杂，监控的功能由智能楼控系统负责，但是降温的任务却要交给吊顶天花板的冷辐射功能。这种设计思路造成的影响就是，VAV及新风系统作为传统机电设备安装被归纳到机电安装合同中，VAV及新风系统也以甲招乙供的方式进行额外的设备招标。但如果将温度、湿度数据共享，让系统成为一个更加紧密联系的有机整体，不仅在理论的推演上更为合理，在目前的建设与未来的使用中也是高效有利的。

这些建议得到了珠江城业主的高度重视。经过专家论证决定，VAV（变风量）与BA（楼控）系统结合为统一中央控制系统的方案可行，但控制技术必须符合空调工艺的要求，以空调工艺为先导。

其后，在珠江城智能化系统工程（第一标段）施工专业承包投标述标会议上，源牌工程师把对珠江城的自控系统分12个方面进行了全方位系统的阐述分析。

内容包括：

①空调系统机房群控策略。

②空调末端控制策略。

③BuildingMAX智能化集成系统输入融合策略及联动控制。

④BSH2000 M-BUS能源计量系统数据处理流程、方法与目的。

⑤IISFREE智能照明系统功能、与其他系统的联动。

⑥智能化与空调专业的技术配合的主要环节。

⑦BuildingMAX集成系统的重点、难点及技术措施。

⑧BA系统的重点、难点及技术措施。

⑨IISFREE智能照明系统的技术特点。

⑩BSH2000 M-BUS能源计量系统重点及解决方案。

⑪BSH2000 M-BUS能源计量系统建议。

⑫机房工程等。

这些专业且繁复的标题几乎涵盖了所有珠江城业主们所需要、所期望的内容，基本解决了珠江城业主一直以来担心的问题。在总结尚未完全落下尾声时，现场就迫不及待响起了经久不息的掌声。述标介绍听得多了，有经验的与会专家们多数时候都显得波澜不惊，但像这样条理清楚、思路严谨的高质量介绍着实让他们兴奋不已。

这份报告背后，这份打动所有专家的报告背后，是源牌所有项目工程师们为了珠江城项目作出的全力付出，是在吃了个通透的珠江城系统基础上、自控与暖通的完美结合，是对控制策略与逻辑的反复推敲。他们把珠江城这套系统融进了自己的血液。

这就是中国的技术人员，在自己领域所做出的努力。专家的掌声，是对所有技术人员严谨治业的钦佩和敬意。

2010年3月30日上午10:30，珠江城智能化系统工程施工专业承包项目投标时间截止，共5家投标人按时递交了投标文件，其中，包括源牌在内的3家公司通过了有效性审查。评标委员会根据招标文件规定的评标原则对3家单位的投标文件进行了评审，源牌公司以技术标得分93.69分、经济标得分93.58分、综合得分93.62分的成绩，位列第一名。

根据得分排名，评标委员会依规推荐源牌为第一中标候选人，源牌负责珠江城项目中央空调自控总集成并对空调最终效果负总责。珠江城智能化项目的中标，对于源牌来说，既是胜利迈出的一大步，也意味着压肩的千钧重担。对于PLC来说，它终于可以站上这个光辉万丈的舞台，准备好去展现它的无限可能性。

在这历时多月的甄别与选择中，珠江城业主单位展现出令人钦佩的负责态度，在充分全面的研究调查之后，最终确定了珠江城的大脑——楼控系统以PLC为主导的决议。对他们来说，能够打破常态，作出这个艰难决定的原因有这么几点：

其一，是让人安心的硬件基础与供应方，让他们没有了后顾之忧。西门子工业级PLC碾压般出色的性能和品质优势，确实在诸多方面完胜DDC。西门子PLC是行业内的龙头产品，如果连它都做不到，那还有什么硬件能够完成珠江城的重任呢？

其二，是源牌看得见的技术实力。有些耿直的源牌认为光分享自己诸多的成功案例并不够，PLC如果只停留在纸面理论，如果拿不出一个看得见摸得着的东西，凭什么证明我的东西就是比DDC更好？毕竟在此之前，国内外都没有PLC相关现成的案例。为了更明确展示自己的技术，源牌不惜成本打造了为再现珠江城而设计的模拟实验室，全面展现了项目效果与控制实际，结果通过了国家建筑科学研究院空调测试中心的检验，达到了严谨近乎苛刻的业主们的预想与期待，这也是驱动他们选择PLC的核心因素。

其三，是未来管理平台的安全性与可持续性，也就是日后管理中的运营与维护。控制管理系统做得再好，如果不出几年就废掉，也等于是白费心思。但源牌对珠江城的运维做出了承诺，会在未来尽全力提供售后与技术支持。DDC楼控产品长久悬而未决的最大问题，此时便迎刃而解。而且即使退一万步说，出现了源牌力有未逮的事件，作为开源的PLC平台，任何一家有能力的研发中心，任何一家有能力的设计院、任何一位有能力的工程师都可以将这个活儿接过来继续完成。PLC平台是开放的，PLC程序是可变的，只需要找到一位解决问题的能人。而不是像闭锁的DDC，除了自家工程师，谁都没法干，谁都干不了。神笔马良也没法于虚空中作画，何况现实。

所以，源牌中标珠江城可以说机缘巧合，也可以说是水到渠成。机遇的出现是不可预计的，但当机遇出现时能准确抓住它却是卧薪尝胆的必然。暖通工艺的深入研究，自动化控制系统的自我磨砺，大胆成功的PLC应用案例，实验室全面测试的严谨态度，这一切背后的个中滋味，就是源牌20年来的薪柴与苦胆；而这一切成果，也是源牌的厚积与重累。

但其实还有一个原因，如果没有这个原因，也许根本轮不到源牌的登场。

那就是珠江城业主的家国情怀与过人的胆识。在同等条件下，珠江城的业主们愿意支持我们自己国家的民族自控品牌，在遇到源牌符合他们需要的技术之后，便一拍即合，以过人的胆识打破了行业的常规。老子说：不敢为天下先。这种不求有功但求无过的态度，在很长的时间段内，都是困扰我国各行各业发展的绊脚石。奋力一搏，成功了理所当然，失败了历史罪人；碌碌无为，失败了干我何事，成功了皆大欢喜。但是珠江城的业主们，顶着难以想象的压力，为中国，为楼控，迈出了先锋的一步。

珠江城项目敲定了PLC控制系统，在此之前全世界都没有案例。因此，如果珠江城成功了，不仅是对国家自动化控制方面的贡献，也是对DDC极大震慑，并肯定会打破它的垄断。

把PLC控制技术用到楼控中，用到末端去！

这声在胸膛中回荡了20多年的呐喊，此刻已经到了嘴边。在许许多多的项目中完成的厚积，将在珠江城这个庞大的生态系统中迸发。

他们预感到，就是从这里开始，一场改变中国楼宇自控现状的变革即将来临。他们很可能打破外国品牌几十年的垄断，真正走向世界的深海，与曾经仰不可及的对手交锋。

但是源牌和PLC还没有走到成功的终点。要等到珠江城真正放光展耀的那一天。等到那一天，珠江城将被写入楼控的历史，而他们，也可以骄傲地说出那句话：我们源牌人，确实在自己的岗位，用自己全身心的投入，为我们的祖国做出了一点微小的贡献。

"源牌自控"，这个中国人自己的楼控品牌，这一刻，也慢慢初显了身影。

六

西门子PLC，可靠的合作伙伴

要想把"源牌自控"的概念做大做强，面临的第一个挑战与机遇，就是珠江城项目。而要让珠江城的自控项目完美落地，除了最重要的主观能动性之外，还需要一个实现它的物质基础。

那是可以供技术人员肆意发挥才智的硬件平台，准确来说，就是在工业领域表现出高精度和高可靠性的PLC控制器。因此，找到一个靠谱的平台，是他们的第一步。

胡百驹常常说："珠江城项目是一次只许成功、不许失败的工作。"不许失败，不是说光发挥人的主观能动性想一想，喊几声奋斗努力，项目就能理所当然地做好的。PLC终于借助珠江城项目被推到了世人面前，但如果有纰漏，如果有瑕疵，不仅辜负了珠江城业主们对自主楼控产品和源牌的信任，不仅会浪费无数设计师、工程师与劳动者们上千日月交替的辛劳，源牌内心所隐怀的"自控"理想，也会面临未出生便夭折的困境。

责任感之下，每个人都在摩拳擦掌。他们坚信PLC的方向是没有问题的，而现在要做的，就是需要发挥专业人士的才能与智慧，将PLC彻底落实到项目之中去。

不过这一路艰辛的万里长征，源牌究竟会从哪里踏出第一步呢？

答案还是PLC。

PLC，并不是让一群自动化专业的人才们聚在一起，接一接线、封一封盒、调试调试CPU、写一写代码就做出来的东西。虽然此时，源牌已经有能力制造自己的PLC。但是这个PLC还稍显稚嫩，在稳定性与精密度还不能令完美主义的源牌人们完全满意。所以，源牌的第一步选择，就是行业巨擘、百年老店德国西门子。

这家起源于1847年、总部设在慕尼黑的跨国公司，即使是在20世纪90年代的中国，也是无人不知无人不晓的。它横跨诸多领域，金融、医疗、能源、基础设施建设和大众熟知的大小家用电器市场。但大众不甚知晓的是，强大的西门子帝国第一盈利点，是工业自动化部门。并且，它本身也有自己的建筑管理相关产品，其中包括：楼宇自动化设备和系统，建筑作业设备和系统，建筑防火设备和系统，建筑安全设备和系统，低压开关设备，电路保护和配电产品，等等。

可惜的是，西门子的DDC楼控系统并不像它所传递的企业形象一样坚实强大。可能是出于研发资源的经济角度考虑，或者是其他原因，总之，与相互竞争着的诸多友商相比，它并没有什么特别突出的地方，市场占有率上也无甚可书。

但是西门子有PLC，很多PLC，从诞生至今在市场大浪淘沙中屹立不倒的PLC。

早在20世纪50年代，这个后来在汽车流水线上大放异彩而取代继电器的可编程逻辑控制器，其第一代西门子自研产品，以SIMATIC的名义诞生。与其他公司所研发的PLC一样，SIMATIC设计理念在于：希望用一种比硬接线继电器更轻巧便捷的方法，将机器的控制与实际操作分离。1973年，微处理器面世，意味着当下我们所熟悉的操作方式的雏形诞生了。SIMATIC所具备的输入与输出模块，链接受控机器，让它直接接受并实施命令信号。

之后的西门子并没有停下探索的脚步，1973年的S3，1979年的S5，以及1995年发售以来、依然在不断优化改良、推陈出新的S7。而这最新的S7系列，就是源牌楼控系统的主角。其实，即使不论此时仍略显小众的楼控领域，在整个中国市场，西门子的PLC一度达到45%的占比，与此同时第二名仅仅占有市场的17%，拉开了20来个点。并且在各种各样你能想到的工业领域，从核电站到航空航天，从地铁隧道到自来水厂与污水厂，从高精尖重工业到关乎衣食住行的轻工业，我们都能找到西门子PLC产品活跃的身影。

源牌，或者说其他行业的众多企业，为什么非选择西门子不可呢？这个问题可能对于所有自动化控制的业内人来说，是有些多余的。

这个成绩首先离不开西门子对中国的市场耕耘和自动化专业对PLC的熟悉。对于PLC，西门子从来不是单纯地把它当作一个个商品出售，而是意图在创造一个独特的生态环境。它每年会在全国开展诸多培训活动与经验交流会，这些活动大都是免费的；并为了培育、教导更多的相关工程师，西门子还在全国创立了收费的培训学院。在多年的努力与潜移默化下，能够熟练运用PLC编程的技术性人才越来越多，几乎所有的相关厂家都有西门子出品的PLC相关资料。甚至普通人留心在网上搜索一下，就能获得大量西门子出品的学习资源与干货。在当下，最重要的资源是人，而不是工具。就这样，西门子牢牢把握住了工业控制市场，市场占有率达到了惊人的45%。而西门子对PLC教学的热心推广，也或多或少刺激着高校对PLC的教学。实际上作为目前工程管理的重要一环，PLC本来就是自动化管理专业的学习重点。基本上每一个学生都会接触并系统学习相关知识，即使后来他选择了深入钻研其他方向，但是有了相关基础，日后如果再要学习用PLC进行编程，也会相对较快地上手。

培养源源不断的人才，就意味着注入源源不断的血液。

其次，因为它质量好。这就是最朴素又最严肃的答案。西门子的PLC故障率非常低，甚至到了可以忽略不计的地步。西门子驻杭州办事处经理袁良奎说，他在西门子工作了12年，很少见到不能用的PLC，更是从来没见过出故障的PLC处理器。某一年甚至出现过这样的情况：因快递公司遗失了产品，想找一个报废的PLC冲账，问遍了各部门同事与经销代理商，愣是没有找到这样一个残次品。大家都说，还没听说过坏到不能用的PLC，出了问题多半都是软件层面的，刷新重置一下也就解决了。普通人乍一听可能不相信：哪有那么耐磨经用的东西啊？一个产品有点小磕小碰也是很正常的啊。特别是它的特型产品DDC，在实际楼宇控制的使用中不正是因为老出问题，搞得最后大家都得重回人工制动时代么？

但若细细一想，答案也是合情合理的。西门子的PLC广泛应用于工业生产领域，在这些规模庞大又细节严谨的流水线上，打造的是驰名世界的高级轿车、是精致复杂的仪器设备，是千家万户的日用家电。工业的日生产数目常常是个人无法体会的量级，如果一个PLC出了故障，停了工，哪怕是几个小时后就修好的小问题，也可能会造成难以估量的损失。因此PLC的硬件标准非常高，生产它的目标是几十年甚至上百年不能坏。至于结果嘛，西门子当然做到了。

但DDC不一样，出于商业利益考虑，它常常使用低端的单片机（single-chip microcomputer）。优点在于体积小，可以塞进许多地方；同时造价低廉，对于大企业来说，成本就是生命，越便宜越好。但它缺点非常明显，存储量很小，输入输出的接口过于简单，能实现的功能也非常有限。

除了品质，西门子还拥有庞大的组网功能，能以一网实现从中央控制器到末端传感器的串联。传统的DDC，因为要起用不同品牌的诸多设备，在做一体整合时往往会面临着通信协议繁多的问题。所谓通信协议，其实是一种传输的规则系统，内含了一套属于自己的语义语法，它一般必须定义这些具体问题：数据交换的数据格式与地址格式，地址映射，错误传输的检测与纠正，顺序控制与排队先后，流量控制，等等。通过硬件和软件的配合，协议规定了两个或更多实体通过某种物理变化来实现信息的交换。通信协议的产生是为了能够更好地实现信息的互通，并能让某一端针对实际或特定情况做出反应。可以说，一个科学的通信协议可以让控制变得更高效、更便捷。但是在21世纪之初，楼宇自控系统所要连接的产品们往往有一套自己的标准，各自为政，那时候要把它们整合起来其实并不容易，一方面既耗损着工作者的心血，一方面又在实际运用中并没有突出的表现。

然而作为跨行业龙头的西门子，此时正彰显了其独一无二的优势：就自动化控制领域而言，它是行业规则的制定者，而不是顺从者。

在西门子的PLC应用中，它自己就有一套被许多上下游厂商或周边产业所接受的通信协议，囊括了庞大的用户群。你只要选择了西门子的工控产品，诸如传感器、温控器、水泵等，相关厂家都能拿出对应的合适接口。后来楼控巨头们也意识到这种通信的成本已经极大损害着市场双方，在某种共识下联合起来设计了一套通用的通信协议。但在此之前，DDC为主导的楼控系统设计常态是，你常常会因为找不到对应的接口而需要为某些特定设备增加通信板卡，而这些通信板卡往往比一个PLC还要昂贵，有多少不适连接的设备，就要多少额外板卡，成本上既不经济，施工时又缺乏效率。况且，就像普通人的生活也会遇到的情况，充电转换头有着电压不稳定的风险，相机转换头可能妨害拍摄的速度，这些多出来的东西，不仅极大增加了工序和费用，而且让通信过程变得不再牢靠，信息丢失风险相比直传高出不少。而且，每多一个硬件实体，就意味着多了一个故障的隐患点。哲学家奥卡姆曾有一句名言："如无必要，勿增实体。"只有删繁就简，恰到好处，才是最完美的状态。这种简约的思想，后来被称为"奥卡姆的剃刀"。而对于源牌来说，想要做好楼控系统，此刻的西门子PLC就是帮助他们削去一切杂枝末节的剃刀。

强强联合，在西门子坚实可靠的PLC上，在这个硬件支持的舞台上，挥洒源牌关于楼控的思想，挥洒"源牌自控"的展望。

对PLC楼控系统求索多年的源牌，早在2003年，西门子驻杭州办事处成立伊始，就开始了接触。那时候的源牌还在用DDC构思和设计着自己的作品，但随即到来的广州大学城能源站中标的消息，促使他们不得不加快了PLC楼控系统的研究步频。在当时的源牌看来，这个艰巨的项目如果用DDC设计，就仿佛戴着沉重的镣铐起舞，甲方所提出的诸多功能要求根本没办法通过编程实现。要想完成这个项目，西门子的PLC产品，就是源牌最强的助力。

后面的故事我们都知道了。广州大学城能源站的大获成功，成了珠江城项目的敲门砖，成了珠江城业主们的定心丸，也成了西门子与源牌更紧密合作的助推器。

李劲松博士，这位西门子（中国）数字化工厂集团自动化业务的负责人，对源牌所从事的事业感触很深。他相信源牌选择的业务方向是极具潜力的，未来发展形式也会一片光明。对于西门子来说，源牌的成功，对PLC自控系统在建筑楼宇市场的推广有巨大作用。因此西门子也乐意与源牌进一步拓宽加深他们的战略合作关系。西门子&源牌建筑能源环境协同控制实验室的成立，就是这种双向关系的互证互信。除此之外，双方还就MindSphere战略合作签署协议。这是西门子基于云技术而推出的一种开放式物联网操作系统，它可以将产品、工厂、系统和机器设备连接在一起，使客户能够通过高级分析功能来驾驭物联网产生的海量数据。

不过现在，源牌还无暇想象这些日后纷繁的展开。现在他们的目标只有一个：西门子的硬件加他们的技术，让珠江城项目完美落地。

七

大规模应用PLC，工艺和自控完美结合

　　源牌虽然顺利中标，但此时还远不能真正签订合同，直到源牌拿出一个可以解决问题而满足业主需要的详尽方案。

　　这个庞大的生态系统，有着多变复杂的环境状态。它实在是太大了，大到可以轻松容纳上万人。而这些形形色色的公司们，多半会在所租面积内进行个性化改造。对一个小小的房间进行制冷，和一万个面积各异的房间进行综合制冷，难度之差是可想而知的。

　　但制冷的难度并没有让珠江城放松对环境的高质量要求。为了达到最舒适的办公生活条件，它不仅有一套非常严苛的温湿度标准，还有一个绝对不能出现的问题，也是一直以来所有业主与建设者们严防死守的重点：防止结露。防止结露仿佛就是整个项目最顽固的症结所在，如果它不能被解决，则无论其他方面做得如何出色，都没有任何意义。结露可以轻易摧毁一切的努力。

　　种种状况，都对建设者提出了高难度挑战。如何用编程手段去解决暖通工艺不同环节的问题，就是源牌面临的最突出的考验。

　　我们来看看珠江城整个庞大的暖通系统。从冷热源机房开始，冷冻水从这里开始了一环又一环的接力，最终来到了末端的金属天花板；在流动中完成热量交换的使命后又重回到机房等待下一轮的出发。这个过程中，怎么样更高效地制备冷冻水，所有的冷冻水怎样能够梯级利用，怎样能够减少输送的能耗，怎样避免露点温度，新风除湿之后空气温度过低如何给他加热……所有各个环节的控制其实都息息相关、有机相

连。每一个得不到妥善处理的小问题、小细节，都可能对珠江城的空调系统造成破坏。

俗话说，听蝲蝲蛄叫，难道就不种庄稼了？为了达到珠江城的高品质要求，源牌要做的工作很多，即使他们前期已经下了许多功夫。

源牌总工程师刘月琴曾说："自控的东西，如果工艺不说清楚，它就是一个很虚的东西。"如果不拿出一个具体的方案，具体到把解决策略与逻辑图完全展现给业主，具体到有多少控制、有多少条线路，这些线路是如何以串联或并联的形式将能源与末端糅合成有机一体的，冷热源机房以何为依据制造不多不少的能源，末端每一个细部的控制点又该如何服务好具体的房间；又或者，诸如接口问题、数据交换问题、各设备协同管理问题……数不胜数。

对源牌来说，他们有技术，有经验，也有一个给力的硬件平台——西门子PLC。但是这些有益的助力并不意味着工作就不艰辛了。当前的核心——真正将一种可能性从思想变为现实，源牌必须自己一步一个脚印地实现。要怎么样结合西门子强大的平台支持和源牌积累多年的技术知识，实现真正有机的结合，做到1+1大于2？这才是真正需要考虑的角力点：结合项目本身，高效整合众多资源的利用，协同所需物理设备，完全发挥出自己的长处。

眼下最重要的工作，就是在充分理解珠江城冷辐射空调系统的基础上，结合事实，把系统从纸面的理论变为具体的控制策略。这还不够，他们还需要再将这套合理可行的控制策略，转变为电脑能够理解的逻辑图，让它们能够彻底执行人类的智慧与意志。到这里，一切的疑虑才能用工艺的语言解答。

这就是中标之后，源牌整整五个月的付出与收获。

但是工作还远没有结束。要检验这套策略与逻辑图是否能真正统筹起环环相扣的暖通系统，是否是合格无疵、符合条件的产品，还需要有人验收拍板。为此源牌做了数不清的汇报，这套成品经受了无数专家的严格考量，其中就包括广州市设计院的李继路。他是一位极富创新精神的设计师，在工作中非常愿意尝试一些新东西。所以一开始，李继路就以开放的心态去了解和接受PLC平台。对他来说，他有足够自信保证其为珠江城设计的控制思路是行之有效的，但同时，这里也必须有人能完全理解自己的想法并将其转化为可靠的控制逻辑图，无论以何种平台，何种形式。当他听到源牌的具体报告后，李继路知道，这事儿成了，他的设计成果，确确实实变成了可操作的控制逻辑。

2010年10月，这份对"源牌自控"的未来、对中国楼控的未来都有深刻影响的合同才正式签订下来，源牌负责中央空调自控总集成并对空调最终效果负总责，这距离源牌中标，已经过去了近半年之久。

一定要真正做出这套控制策略与逻辑编程，才可以签约。这严苛背后的其中滋味，胡良军最是清楚。负责将控制策略编成控制逻辑图的他，对珠江城的这套控制系统的熟悉程度可谓了如指掌。谈起这一段经历，他不无自豪地说："整个系统的空调工艺设计得非常完美，环环相扣。"

这份珠江城智能化系统工程施工专业承包合同，内容可不止空调系统这么简单。还包括了建筑设备监控系统（含VAV BOX及控制系统）、能源计费系统（含电量、给水量、直饮水、冷量计量）、智能照明系统、物业设施管理系统（含无线对讲、设施巡查）、机房工程（建筑设备管理中心）、智能化集成系统等，大楼的所有智能运行管理相关部分尽在于此。可以说，实现对大楼的全方位掌控，这才是BAS——也就是智能楼宇系统功能的完全体。但相比较于空调系统对楼控的要求，这部分的控制难度相对简单一些。如果我们要用一个量化的概念来形容两者的对比，那可以说楼控系统90%的部分是用来控制空调系统的，而剩下的10%足以掌握其他。

所以当我们审视珠江城楼控系统的空调部分的成果，就不难理解胡良军为何感到自豪了。在这套为珠江城量身打造的控制系统中，他们确实顶着高难度的压力，满足了高要求的考验，其成果着实让人惊叹。

珠江城的体量决定了它控制系统的庞大，因此在控制点多到以万为单位的情况下，珠江城的楼控系统就需要有高效的控制质量与迅捷的传输速度。为了能够更精准地控制每一寸面积，珠江城项目整整设置有25000多个节点，2500多个VAV BOX，每一个VAV BOX，里面都包含着检测温度、湿度、风阀的开度、送风的风量等10多个控制点。我们都知道，当数值超过了某个界限，就会引起几何量级的变化。比如1与10，1000与10000，后者的数值都是前者的10倍，而实际上却差了整整9891个单位。点数一多，整个系统包括数据库反应速度会变慢，通信会变慢，运行之后软件是否能承受这么多个点？控制点数之多，工作量之大，只有现场技术人员和工人才能体会出来。其中的区别，不仅是几何数量级的改变。就像军队，指挥一个连、一个营，与指挥一个师，感觉可以说是天差地别的。

速度和精度有了，为珠江城节能减排而写的逻辑也就有了精准施行的可能性。在一般超甲级写字楼中，空调系统的能耗占总建筑物能耗的60%以上，但珠江城空调能耗仅占建筑物能耗的33.19%，而且最重要的一点，舒适宜人的办公环境，他们也做到了。

要充分阐述珠江城的控制成果，还是要从策略与工艺入手。

一个合格的楼控系统，安全与稳定是绝对的前提基础，精准度是必备的素质。珠江城大体量控制系统必须保证可持续运转，如果连这一点都做不到，那么接下来的所有逻辑运行，就都成了无源之水、无本之木。但光是稳定可靠却不能游刃有余掌控全局，也是无用。

俗话说，先天不足，后天畸形。珠江城楼控系统的精准与安全，第一功自然要归于PLC的素质。对许多DDC来说，同时掌握这几万个控制点还要保持准确与高效，仿佛是天方夜谭，实际上在许多体量远不如珠江城的项目中，DDC系统也常常出现重要信息传输几个小时才到的窘境。而多运用于工业生产流水线的PLC则不然，一方面它的质量坚固可靠，基本可以不用考虑损坏的问题；另一方面扩容或模块增加对它来说就非常简单，接管无数个控制点对它来说，就仿佛是写在最初设计的基因里一般。珠江城这几万个控制点，只要以科学的方式连接在一起，那么PLC就能够保证精准度。

而这个可以保证传输速度的科学方式，就是源牌所选择的通信架构：工业以太网。早在广州大学城能源站时，面对传输环境和苛刻的速度要求，源牌就多方考量了不同的传输方法，并在与西门子深入交流后，做出了架设工业以太网的决定。大学城能源站在日后的实际表现，证明了他们的想法是正确的。

除开硬件和设备的选择与搭建，源牌还设定了一系列策略来保证其平稳运行。因为珠江城的新风与温控是各自独立的，相较于用冷辐射办法降温而不易损坏的末端，冷热源机房则可能更容易出现运行的错误，为此源牌设置了多种运行逻辑来预防可能出现的种种问题。其中包括：制冷系统的程序控制，水流开关保护设计，冷水机组冷冻水最低流量保护，以及冷冻水管网的压力平衡控制。源牌将其合称为制冷安全保护系统。其中设计最复杂的是制冷系统的程序控制，它的启动与停止都有一套严谨的流程，如果每一环不是确定无误，就不会进入到下一个阶段。

以启动顺序为例，如果发现当前的制冷机数小于预设数量，或者简单来说就是启动的机组不能满足末端的需求，那么这时候就应该开启其他闲置主机。但为了提高效率和安全，这个过程会有序开启。首先制冷主机群控系统会先确定制冷主机的编号，接着打开该编号制冷主机的冷却水和冷冻水电动蝶阀，后者的开启是延时的；接着发出启动一级冷冻水泵指令，调用一级冷冻水泵群控子系统；然后调用冷却塔风机群控子系统，发出启动冷却水泵指令，调用冷却水泵群控子系统，根据冷却水温度调节冷却塔风机台数；此时冷却水泵与冷冻水泵开始运行并建立水流以启动制冷主机。在这台主机启动后至少稳定运行五分钟，才按照需要开启下一台，并且依然会循环以上步骤。

而关闭制冷主机同样有一套严谨的流程。与开启的顺序有些不一样，但核心是一致的，也就是在确定每一个系统或设备保持稳定之后，才会进行下一个步骤。最大程度保证了过程的可靠安全，并且按需开闭以达到最大节能目的。

除了制冷机组，为了预防进水不足导致的一些问题，源牌还就冷水机水位做了水流开关保护和冷冻水最低流量保护设计。冷却水和冷冻水出水管上分别安装水流开关保护装置，当水流不足，无法闭合水流开关时，将无法开启冷水机组；并且每台冷水机组的冷冻水进出水管上还设置压差保护装置，当压差小于设定值时，就会自动关闭该冷水机组。

这只不过是整个安全预防中的匆匆一瞥，以小见大，还有无数类似的运行逻辑蛰伏在这套系统的各个角落。

然而以上这些设置都是为了预防某一个环节出现问题，如果一整套控制系统全部出现故障而无法正常运行了呢？冷热源机房是空调系统中最重要的制冷环节，其控制必须是充分可靠而持续不断的。即使这种糟糕预想出现的可能性比较低，但也必须为其做充分的准备。而源牌的准备，则是在冷热源机房控制系统中采用硬冗余PLC控制器，也就意味着有两套控制器在同时运行，其中一套控制器处于热备用状态。所谓"热"，就是可以随时取代另一套的一种工作状态，不需要经历开机运行的等待。当一套PLC出现故障时，另一套PLC就会立刻自动投入使用，这种切换几乎是无缝无息的，对系统运行没有任何干扰。这个，DDC可做不到。

系统运行再无后顾之忧，节能与舒适之间的矛盾便来到了眼前。

要给耸立天际的楼宇创造一个干爽清新的自然环境，可想而知需要利用到多么天文数字般的能源，才能维系它的温湿度，才能运转它的新风空气。为了创造一个更好的室内空间，珠江城是全封闭的。全封闭，意味着这里没有窗户可以打开与外界直接沟通。全封闭，也就意味着它的暖通系统，必须处在全时全刻的运作之中。可以说，珠江城每一时刻的运营，都建立在能源的熊熊燃烧之上。看上去，这两者的矛盾似乎天然对立得毫无调解余地。

然而人类的智慧，自然可以糅合这些看似无解的矛盾。

说到底，就节能而言，既然我们不能停下机械的运作，那么就有两个方向可以去为节能做考虑。一个是按需，一个是高效。

首先是高效，这一点非常好理解。我们在进行能量转换时，是不可能做到1比1的，中间总会有损耗与流失。就好像我们生活中最常见的烧水，其实热的利用率可能只有30%左右，更多的热能实际上是白白逃逸了。那么对于制造冷热源的机组群来说，提高制冷制热的效率，就是节能的第一步。而这一步，实际也是设施质量的问题，取决于一系列制冷机器的技术实力，而不是纯粹依赖后期软件优化。

珠江城的制冷系统一共起用了离心式冷水机组6台，乙二醇溶液冷却螺杆式热泵机组2台，水泵24台，开式冷却塔6台，闭式冷却塔2台，电动阀若干。这些机组中，主动制冷的核心部分就是离心式冷水机组和乙二醇溶液冷却螺杆式热泵机组。

它们的名字对于普通人也许过于绕口，要解释清楚它们也需要大费篇章。实际上我们只需要知道，为了满足珠江城的需求，设计师们结合了不同原理的压缩机被动散热的部件——也就是冷却塔，和推送水流的水泵。这些不同的组件来自于全球各大知名厂商，是各自领域的先进产品，比如美国特灵的离心式冷水机组，比如德国威乐的冷冻水泵。前者是与开利、约克等齐名的暖通系统与硬件制造商，后者是全球领先、专注水泵技术研发与生产的百年公司。

源牌的任务，就是管理整合这些设备，发挥所有人的脑力编写出最适合珠江城的控制系统，去统领协调所有的设备，让它们变得智能起来，在未来的使用中不再不必要地耗损管理者的体力与精力。

而为了能实现生产的高效，源牌为冷水机组编写了大温差串联冷水机组群控的控制策略。空调高温回水经第一台制冷机降温后，再经第二台制冷机降温，温度较低的冷水向新风系统提供低温冷水处理空调潜热和除湿，经新风机组升温后的高温冷水向室内末端干式风机盘管及冷辐射制冷系统供冷。这样做的好处，首先是对机组本身而言，高温和低温机组能量均衡控制方式兼顾了高/低温机组的综合运行效率，大温差串联流程既能提高系统整体效能，对机组进行优化后，分组运行控制又能保证系统高效运行。其次，实现了按能量品位合理配置冷源、能量的阶梯利用，大大提高了空调制冷系统的制冷效率，也节省了空调系统的空气输送能耗。

但是光解决高效还不足够，就算机房利用率能达到100%的完全理想状态，如果不能按照实际需求来工作，则造得越多，浪费越多。这就涉及另一个重要的维度——按需。珠江城的工程制冷系统总装机冷负荷为15964KW，如果机组能够完全按需运作，末端反馈来的需求是多少，就生产多少，绝不多浪费一滴水，一度电，把不必要的转换尽可能降到最低。甚至不用如此理想化，对于这个体量的机组来说，哪怕只是削减1%的额外产出，都意味着节约下了大量的能源。

这个理论看上去很美，但实践起来却相当有难度。因为它牵扯到一个非常严肃的前提：如何精准测量末端的需要。

传统的空调系统，是把温度和湿度混合控制，并不区分彼此，这样造成的毛病就是忽视了温度与湿度各自不同的制冷要求。打个比方来说，夏季一般要求室内温度低于25℃，相对湿度应该在55%左右。为了达到前者的目的，其实只需要20℃的冷媒水就已足够，但后者却需要7℃左右的冷媒水。但现在是统一用7℃的水来控制温度与湿度。对于温控部分来说，这7℃的水，无疑是拿高射炮打蚊子，既没有体感的升级，又白白造成了诸多浪费，可谓得不偿失。

所以珠江城空调系统打破常规的重要一步，就是将温湿度独立，分别进行控制。温度由冷辐射系统控制，而湿度则交给新风系统管理，这也是珠江城空调系统最大特色："冷辐射＋需求化置换送风"的空调系统。

　　基于水冷媒辐射的供冷系统，其主要作用是降温。我们曾经介绍过，它的原理是利用水是具有良好热交换性的流体。制好满足温度要求的冷媒水在流经金属天花板中预埋的铜管时，以冷辐射的形式降低房间的温度。同时，在靠近建筑玻璃幕墙的地方，由于受阳光等室外条件影响，温度相对较高，因此安装干式风机盘管来进一步降低室内温度，形成人工洞穴效应。其实就是冷辐射加风机盘管来降温。

　　需求化置换送风，也就是新风系统的作用主要是除湿。根据最佳体验的湿度区间，通过置换送风口提供满足室内需求的新鲜干燥空气，控制室内湿度，避免金属天花板结露，并以高品质空气质量满足室内空气需求。

　　但这两个控制系统的前提都需要精准的监测数据。前者的温度自不必说，而湿度则更值得一谈。因为这个系统是通过变风量末端装置——也就是我们常说的VAV BOX中的风阀开合度来调节的送风量。风阀开合度又是取决于此刻房间内湿度的准确参数。

　　为此，源牌专门定制了两个不同的传感装置，负责监控温度的安装在天花板上，而监控湿度的则靠近地板。温控装置产品是有现成的，但是面向工业而设计的温控器体积特别大，且造价也颇为不菲。源牌在总部的工厂发挥了作用。朱好仁，这位工厂的技术总负责人，是源牌一众年轻工程师中的长者，在他的主持下，很快就研制出了适合楼控的温控器。这个温控器，体型比巴掌还小，可以方便地安装在每一个房间，即节约了成本，又适应了民用体积小的要求，更极大地方便了入驻的住户。

　　"冷辐射+需求化置换送风"的空调系统是末端降温除湿的手段，而温湿度独立控制解决了环境数值监测的精准度问题。真正要做到末端需求的完全掌控，重点在冷热源机房依照精准数据，并按需制冷。为此源牌设计了不同的运行逻辑来满足这些要求，最有代表性的就是过渡季节冷却塔供冷控制设计。

　　源牌根据广州的地理特征，将一年分为了夏、冬与过渡季节。这个策略的核心可以说，就是为了解决冬春与秋冬季节更替时特殊天气的问题。在这两个时段，温度与湿度本身处于一个比较温和宜人的状态，并不需要空调系统的过度干涉。因此仅仅利用冷却塔，就足以实现温湿度调节的需求。与离不开压缩机的冷水机组相比，本身甚至带有一点被动散热性质的冷却塔，其所需要的能耗极小，甚至可以夸张地说是"免费"了。当进入过渡季节供冷的模式后，系统就会关闭一些通向冷水机组与冷冻水泵的阀门，启动热交换器的一级泵和二级泵，开启开式冷却塔。此时的一级泵与二级泵均采用同步变频，分级加载、卸载的控制系统，根据冷冻水管网最不利环路的压差变化，控制二级泵的运行频率，同时同步调节一级泵的运行频率；当运行频率小于或等于30Hz时，同时卸载一台一、二级水泵，反之加载。

关于怎么判定季节状态，源牌也有自己的考量。首先，肯定不能以月份划分，那样太傻了。所谓春捂秋冻，意思是在这些过渡时段本身就有太多不稳定的天气表现。因此源牌也添加了相应逻辑判断语句，让系统在不同的温度区间，能够自己判断并切换夏季、过渡季和冬季运行模式。不仅如此，这个数值并没有被源牌死死固定，它可以随时被重新设置修改，这就意味着如果出现一些极端的变化，系统可以随之改变。

如果说以上两点是解决了保持设备与系统正常运行过程中的节能问题，那么接下来舒适度的维系与保持，才是珠江城楼控系统最重要的目标。如果用牺牲舒适度的办法去减排，那就与建设意图南辕北辙了。那么要满足舒适度的问题核心是什么呢？

湿度，还是湿度。

虽然温度也很重要，但是先进的冷辐射技术确实在节能之余又完全满足了降温的需求。而且某种意义上，正是因为金属天花板的采用，把湿度造成的有可能结露问题，凸显得更为严峻。

为什么会变成这样呢？要解释这个问题，我们要先从珠江城建设者们如临大敌的结露说起。

所谓结露，其实就是空气中过饱和的水汽析出的现象。即使空气中的水汽含量并没有发生变化，但是当气温不断降低时，空气中的水含量其实是在不断上升的。当达到一个温度的临界点，水汽含量也达到100%时，就会发生结露的情况。这个温度点，也被称为露点。可见，露点也好，湿度——也就是水汽含量也好，都是一个动态的数值。当我们对温度进行控制时，露点温度也在跟着变化。如果我们不对湿度加以动态管控，只是单纯降温，则多半会产生冷凝水。

而金属天花板则让结露问题变得更为突出。

对于一般空调设备来说，温度最低的地方一般是出风口，因此出风口上挂露珠对于湿控不力的系统来说是常有之事。但这些出风口只是在天花板的某些位置，冷凝水也只会集结在此处，挪挪桌子，接个盆，勉勉强强似乎也不是不能接着用。而冷辐射天花板则不一样，它是面积相对较大的整块金属天花板。这意味着，如果对湿度失去控制，造成了露水产生，就避免不了屋内下起淅沥小雨的尴尬状况。如果这种情况发生，问题性质自然比传统空调系统严重许多。

那要怎么避免这种情况呢？

答案也是现成的，精准控制室内的绝对含湿量。

前面已经说过了，湿度是随着温度在不断变化，而不断补充流转的新风也作为重要变量之一在影响着湿度。如果我们按照过往常规的相对湿度控制办法，那么面对这个实时变更的复杂动态，可能需要设置太多算法才能精准及时地捕捉数据、利用数据。

但是，如果我们采用绝对含湿量作为坐标参数，问题就近乎迎刃而解。对于这个问题，胡良军解释说："我们知道很重要的一点，就是只要控制好了室内的绝对含湿量在10.8克/立方米以内，就不会结露。"

以不变应万变，自然轻松许多。

而且，这个10.8克/立方米的数值，实际上还不是真正结露的克数，它还有相当的余量作为缓冲。也就是即使达到了这个危险的数值，珠江城内部也并不会结露。即使一定面积内，因为人数过多等原因确实产生了结露的危险，此时依然有办法去扭转局面。最简单的办法，就是把水阀关掉。作为冷媒的水不再流动工作，没有了热交换，温度自然就上去了。温度上升，相对湿度也就降了下来，相对自然露点也就跟着上去了，结露的风险则自然消散。而且，就算冷辐射不再工作，因为外区还有制冷的干湿风机盘管存在，即使在最热的时候，风机盘管依然还能承受70%到80%的负荷，因此不仅不会出现温度暴涨的情况，还能维持得住要求的室温。

绝对含湿量具体怎么控制？在获取了准确的动态数据之后，又是通过什么方式来除湿的呢？

这就是我们不断提及、作为整个珠江城柔性中央空调系统设计重要一环的VAV新风系统。它不仅仅是整个封闭大厦干爽清洁的空气源，也承担室内的全部湿负荷和部分显热负荷，是控制湿度的重要手段。所谓显热，就是在使空气的温度上升的过程中，不能发生如冷凝水等的物质相变所需的能量，它的核心还是防结露。

总之，无论是想要避免金属天花板结露，还是为了满足室内空气卫生环境，都得依靠VAV新风系统合理均匀的新风量供应，达到精确而及时地实现理想湿度的效果。

要准确控制湿度，就要准确监测绝对含湿量。为了实现这一点，源牌将自己设计的湿度传感器塞进了每一个VAV BOX中。VAV BOX，可以说是整个VAV系统的末端硬件基础，每一个盒子里都有俱全的五脏，包含了控制器、传感器等一系列元件，可以实现湿度、风阀开合度与送风量监测。就是因为内容着实不少，所以用DDC来控制必然造成数据库反应速度的缓慢。但源牌的VAV BOX，每一个都由一个PLC来控制，速度与准确度便都有了保证。而其中准确掌握绝对含湿量的，自然是湿度传感器。在这个可靠的数据基础上，VAV BOX不同时段的具体送风量才能得以确定，并在实现新风置换的过程中，保持绝对含湿量始终小于

10.8克/立方米，彻底消灭结露的隐患。

除了结露问题，绝对含湿量控制还有另外一个好处，就是针对两种极端情况可以相比相对湿度控制能做出更正确的处理决定。这就是高温低湿与低温高湿两种环境状况。

所谓高温低湿，是指天气晴朗但湿度较低的夏季。而低温高湿，则常常是湿度较高但温度本该舒适的过渡季节。传统相对湿度控制法的弊端弱点，在这两种情况下暴露无遗。如果以相对湿度为参考，则在高温低湿情况下，它会困于湿度的低下而减少新风量，造成露点偏高，并无法自动开启冷辐射吊顶。而在低温高湿的情况下，虽然温度较低，但它依然会增大新风量除湿，造成室内温度持续下降以至于无法控制。而绝对湿度控制法，则能在逻辑上轻松解决这个问题。对于高温低湿，源牌的策略是开启辐射吊顶，增大新风量除湿，以降低室内露点；针对低温高湿，则应减少新风量，减少室内温度下降的数值。

解决了结露痛点之外，控制系统还要考虑VAV整体高效节能的需求。除了我们已经阐释过的不借助外力就达成的自然风道设计外，双级静压控制策略也值得一提。也就是同时结合了变静压控制策略和定静压控制策略。在楼层变风量控制中，根据新风VAV阀门开度调节楼层电动风阀开度；而在新风机组变频控制，则根据新风管静压变化调节新风机组风机频率。

从程序可靠性、节能与舒适的平衡以及结露预防三个方面，我们大概看清了"源牌自控"是如何实际解决珠江城问题的。一切答案，都可以总结为，通过PLC平台去设计一套行之有效的控制逻辑，以达到利用先进的冷辐射温控系统与VAV新风系统的结果。对细节问题精心巧设的解决策略，对自我创新的完美实现，都是在这三者的基础上施行的。

先进的空调与新风系统为珠江城的楼控设计提供了很高的起点，让一些传统暖通系统的弊病不再为人所顾虑；而可靠耐用的PLC则提供了发挥人类主观能动作用的可能性。

　　除开上文提到的优点，在节能与舒适上，冷辐射与VAV新风其实还有更多的发挥。

　　比如，合适的湿度让人的体感温度降低，再结合冷辐射神奇的换冷方式，冷辐射空调系统让人感到舒适的温度通常可比传统空调高1℃～2℃，因而可以降低空调冷负荷，节省能源消耗。比如，由于冷辐射系统为自然对流和辐射传热，没有循环风机，又可以节省大量的风机能耗。比如，新风中适量增加二氧化碳浓度，其实可以同时达到节约新风和保证空气质量的作用。

　　但这一切与人方便的功能能够施展的前提，都是必须让技术完成本地化。如果把一个现成的设计从北欧某个大楼里搬到炎热的广州，完全套用别人的解决策略，没有人能够把它和实际相结合，那它就只能起到相反的作用。

　　PLC，就是连接人与技术的途径。规模巨大的珠江城里，有无数的房间，每个房间又因各自可变因素导致他们彼此相异。为了控制这些房间，为了掌握快速波动的数据，无数的控制点时刻待命。只有在极端情况下依然能完成快速通信的PLC，能将整栋大楼与每个角落兼顾统筹，并满足它们各自的需求。

　　但光靠PLC就能做到么？不，PLC本身只提供实现的可能性。重要的是与技术相连的另一端的人。而源牌的编程策略与实际运行逻辑，才是真正解决珠江城难题的最终答案。

　　就好像绝对湿度的应用，难道在此之前就没有人想到么？肯定有。但问题是，这个概念不是想到就能用好的，它本身就是一个长久未决的技术难题。而在源牌等技术厂商的攻坚克难之下，珠江城的技术与方案，走在了世界的前面。这个情况，胡百驹是再熟悉不过了。他出于自身对PLC的信心，曾在小范围主持试验过以PLC为基础的智能控制系统，效果非常理想。当时虽然还没有用到绝对湿度，但是宝贵的经验与数据也让人意识到，只有成功把握住绝对湿度，才能更简洁、更高效、更经济地去控制湿度。而这其中，解决含湿量测验与信息传输的准确性又是重中之重。在不断的摸索中，他们也确实得到了通过相对湿度和温度来计算含湿量的办法。因此在珠江城项目中，他们敢于彻底改变思路，从绝对湿度出发，去调节变风量与新风输送。他们也相信，这个技术会带给珠江城空调系统质的飞跃，在稳定性、可控制性和维护的便利性上取得新的成绩。

在所有人的奋战下，现在，这个已臻完美的成果，摆到了所有人面前。但逻辑图的完成，并不意味着工作告一段落。实地施工，是万里征程的最后一步，也是最关键的一步。一切，都要用事实说话。

接下来的实地施工中，夜以继日成了他们的生活常态。为了保证这两万多个节点在珠江城身上的运转无恙，在没有问题的设计图之后，只有一个笨法子、老法子，也是最有效的法子。

埋头苦干。

2011年12月31日，整整255个日夜，6120个小时的全力以赴，此前不可胜数的准备与努力，珠江城楼宇自控系统，完工。

这一刻的完工，可以说没有一个细节，源牌不是在绞尽脑汁地在节能与效果中寻求平衡。可以说在整个项目中，源牌对每一个细节都拿出了百分之百的心力去探索最佳答案。

2013年9月2日至10月9日，广州建设工程质量安全检测中心有限公司对珠江城项目的空调系统运行进行了检测，从新风对房间含湿量控制的稳定性测试、VAV BOX风量测试、新风机组频率测试、新风除湿过程测试、空调房间热舒适性验证测试五个方面进行了全面的考察验收。

他们为五个考察方面设计了各有针对性的具体情景。分别观察了：①在人员密度不同导致湿负荷变化时，VAV阀门的变化情况以及房间是否达到了恒温恒湿的表现；②VAV BOX对新风风量的自我调整是否合理；③新风机组风机变频控制是否实现了按需控制新风量、降低风机能耗的目的；④新风除湿过程中的新风状态与风机盘管的表现情况；⑤新风除湿过程中舒适性是否达标。

在严格的考核后，检测中心得出结论：无论是温度还是湿度变化、新风系统及其除湿功能以及舒适度均达到要求。

随后，广州建设工程质量安全检测中心出具了《珠江城基于绝对湿度控制的冷辐射空调系统测试报告》：珠江城办公楼空调系统采用温湿度独立控制空调方式，利用冷辐射板（内区房间）和主动冷梁（外区房间）控制房间温度、VAV新风系统控制房间绝对含湿量，实现了冷水的大温差、梯级利用，大大提高了系统能效，显示该工程采用的柔性中央空调系统可将空调房间温、湿度稳定控制在舒适范围内，同时具有非常显著的节能效果。

至此，多少个日日夜夜的鏖战，终于换来了尘埃落定。合同工程施工及调试总日历天数为255天，2010年4月20日起算，2010年12月31日完成调试，2011年12月31日竣工。

珠江城项目，这个成熟、庞大又领先世界的PLC智能楼控系统，大幅提升楼宇智能化水平，对智能建筑的发展具有划时代意义。广州设计院屈国伦总工高度评价和充分肯定"珠江城大厦自控全面运行——以工艺为主导不可多得的空调自控成功案例！"

这是源牌首次，也是全球首次，将国际最先进的高精度、高可靠性工业级可编程逻辑控制器PLC大规模全面应用到楼宇智能化控制的方方面面中。

在珠江城这个复杂庞大、绝不容任何楼控提供商小觑的项目里，"源牌自控"提交了一份极漂亮的答卷。这个完全由源牌在PLC基础上自主完成的作品，彰显着源牌对技术内核的牢固掌控力。也彰显着源牌的初心：打造一个属于中国自己的楼控品牌！

这个坚持了多年的理想目标，在珠江城之后，愈发清晰与明确起来了。

八

城市绿洲珠江城，因你而不凡

2012年，珠江城正式竣工。

珠江城中央空调和楼控紧扣时代脉搏，积极创新，原创技术有：以绝对含湿量为控制目标的变风量大大拓展了辐射制冷的应用范围，首用于夏热冬暖的高湿地区，基于PLC的楼控技术颠覆了传统DDC的技术路线，真正创造了舒适健康的室内环境，实现了能源节约的新高度。

2013年10月28日，住房和城乡建设部科技发展促进中心在广州主持召开了由广州市设计院、杭州源牌环境科技有限公司、广州珠江城置业有限公司和广东省工业设备安装公司共同完成的"基于含湿量控制的冷辐射空调系统技术研究及应用"科技成果评估会，形成了多条评估意见。

评估认为，珠江城项目率先提出了融合热回收的新风负荷梯级处理技术，利用回收能量对新风进行预冷和再热处理，提高了能源利用率；率先提出了基于室内含湿量控制的新风需求化供应策略，在保证辐射供冷系统可靠运行的前提下，有效降低了系统能耗；更利用PLC机电一体化技术，率先提出了基于含湿量控制的新风系统变风量控制策略，研发了相应系统及设备，控制稳定、准确、反应灵敏。

这一切，都加速了整个空调自动化控制系统的国产化进程。

基于以上事实，住房和城乡建设部的专家评审团认为"基于含湿量控制的冷辐射空调系统技术研究及应用"这项课题的研究成果及集成应用达到国际先进水平，节能效果显著，具有推广应用价值。这也宣告了，这项国内高层建筑楼宇自动化控制技术国产化的尝试，取得成功。

定音之槌，铿锵有力。奋战多年，正果终于修成。专家用客观严谨的态度，纷纷给出了理性肯定。普通人也许对专业克制的书面文字感到不明就里，但每一个去过珠江城的人，都能被无噪声、无风感、阳光明媚、春风和煦的室内环境所感动。这种实在的体验，就是支撑专业好评最重要的依据。

冷辐射系统应用的成功，在节能环保与健康舒适这曾经的矛盾之间取得了平衡，为未来相关项目做出了最突出的贡献，成为全球超高层建筑大规模应用该技术的首创。其中核心技术的国产化，让这份成果分外可贵。"源牌自控"，是掌握自主知识产权与其核心科技的、我们自己的东西！它的成功应用将意味着，中国楼宇自动控制屡战屡败的基本现状，已经不复存在。事情起了新的改变，中国人自己的楼宇自动控制技术，在接受如此巨大且绝不含水分的挑战之后，已然有资格走向世界的深海。

不必受制于外，也不再受制于外，源牌的自主品牌、中国的自主品牌——"源牌自控"迎来了自己的春天。中国楼控曙光，已在眼前。

2013年12月14日，美国绿色建筑委员会给予了珠江城LEED白金级绿色建筑认证，在这项国际公认的建筑环保、绿色建筑以及建筑可持续性的权威评估认证体系中，珠江城的体量在铂金级认证项目中位居全球第一。"源牌自控"为其低碳能源与绿色环境系统做出了卓越贡献！

凭借着冷辐射变风量中央空调系统所提供的高质量空气环境，与基于PLC的稳定高效且节能的自控系统，珠江城大厦被评为全球最绿摩天大楼，当之无愧。

许多媒体与网站都争相报道这一高光时刻，新华网就这样说道："（源牌）促进了超高层建筑空调自动控制系统的国产化进程，为打破国际巨头在国内市场的垄断地位作出了示范。"对源牌来说，这是对他们自主创新的最高褒奖。

而国外如BBC、CNN等知名电台也赞誉有加。甚至享誉世界的美国国家地理频道和探索发现等都为它制作了篇幅完整的影片，来记录珠江城，这座倡导绿色环保建筑先行者的成功与伟大。

行业内，更是剧烈震动，祝贺纷至沓来。

对于胡百驹来说，同样感慨良多。而从西藏来广州参观学习的小朋友无意间的一句话，更让他内心感动。

"那个孩子说，广州的空气太坏了，可是在这里（珠江城），我好像闻到了林芝的味道。"胡百驹回忆说。

这句话对于说者，或许很无心，小孩子的措辞也分外朴素平凡。但不知道怎的，真挚的力量却让胡百驹记忆犹新。

在那一刻，一切的艰辛与苦闷，曾经的担惊受怕与患得患失，都彻底被消解得一干二净。他们做到了。在珠江城立项之初的豪言壮语，他们都不负众望地做到了。

叶志明曾经说："我们就是要做个示范。如果一直没人敢用，那就不能把这项技术推出来。"而后可想而知，这个团队经历了怎样的流言蜚语与铄金众口。绝不能失败的精神压力与巨额成本的责任重担，到底是怎么侵扰着这些勇往前行的猛士。

但在这一刻，这一切都已随风而去。

2014年，台风"霓娜"登陆。飓风席卷而来的暴雨猛烈撞击着珠江城每一寸幕墙，然而这些早已在建造之初就经受住多番风暴测试的玻璃，纹丝不动，无情地将它们通通隔绝于外，甚至一丝水汽也不留。

台风刚过，时刻牵挂珠江城的源牌董事长叶水泉又一次来到珠江城，珠江城总工胡百驹早已等候多时，此时，这位一心只想让中国楼宇控制不再受制于国外品牌垄断的老人，内心是澎湃的，他对叶水泉说："叶董，珠江城2500多个控制器，没有一个坏的，这在DDC从来没有发生过。而且在线的数据非常准确，清华大学的老师来看过，测量的精度，设备的可靠性，都得到验证，我看你们这个'源牌自控'，一点不比国外的自控差。"

　　这种认可，既掺杂了朴素深沉的爱国之情——他希望国家越来越好，希望中国能在楼控市场拿出自己的产品；这种认可，却又不掺杂国人之情——发自内心的认可没有因国产而降低考核标准，"源牌自控"实实在在战胜了许多竞争者。

　　但是，这些成就并不是一劳永逸的。要维系珠江城的绿色生态循环不息，还有重要的一环工作需要去完成，那就是后期的运营与管理。如果两手一摊、诸事一甩，再好的控制系统也会渐渐生锈卡壳。而珠江城的幸运在于，它的每一位工作者，都尽责尽力地在维护它。

　　第一太平戴维斯，作为珠江城的物业公司，就是后期守护它的责任人。万事严谨合规的珠江城，也是通过招标程序最终确定了这家全球领先的跨国房地产服务商。第一太平戴维斯的来头不小，是中国境内一家同时拥有3项符合国际质量标准的国际性物业管理公司。在珠江城建设后期，他们就已经着手筹备物管工作。

　　秦自春，珠江城物业公司经理，虽然并非工程出身，但对珠江城已经熟悉到了骨子里，每天，他都要去设备层转转、看看。他一直记着胡百驹总工的话：管好珠江城，一定要读懂珠江城。和他搭档的副总朱子楷，本身就是学工程出身，是珠江城设备设施的"大内总管"，熟悉珠江城系统的程度不亚于很多楼控专家，还在最近成为中国设备设施管理委员会专家组成员。

　　读懂珠江城，读懂PLC系统对珠江城的重要性。第一太平戴维斯还专门派出了两名技术人员就PLC技术去学习深造，也许一个中级电工学几个小时就可以懂初步的PLC编程，但珠江城大规模使用的西门子S7系统，与其出众性能相匹配的，则是它的复杂性。因此，对于使用者要求较高，需要一段时间进行较正规的学习。

　　而这些进修过的技术人员，也不负众望，在后期按照不同专业和技术特征把PLC系统努力保持在最优状态。一位是张虎辉，一位是蔡承昌，当你就珠江城的楼控技术问题和他们交流时，他们会侃侃而谈每一组设备，每一个细节，更不用说整个系统的控制逻辑。有时，你会恍惚他们的物业管理身份，认定他们也是楼控专家。

对于这一点，秦自春的感受很深："相对于DDC，PLC需要的理论知识也许更多。但它是开放的，可以自己重新编程。DDC就很封闭，它不会把它开放的平台给你，我以前也管理过用DDC的大楼，厂家过来是按次收费，做一次编程算一次价。如果逻辑上要改动，要另外再报价。人员来是一个费用，编程是一个费用，逻辑是一个费用，零件又是另一个费用。而且，对日后的维护有一个升级换代的问题，仅仅5年，DDC就需要换代了。"

"现在，我们有熟悉这套系统的物业管理人员，我们珠江城物业处理不了的问题还可以和源牌的E源服务及时沟通，在后续服务上，源牌服务公司的本地化和及时性非常到位，服务公司总经理叶群红都多次到我们珠江城，后续的维护，也是'源牌自控'让人信赖的原因，这也是'源牌自控'重要的一维：调试的数据化，以及在此基础上的服务本地化。"

可以说，E源服务平台，让所有"源牌自控"的产品使用者，免于此前所有DDC必经之痛——运维的后顾之忧。

自控本身为暖通服务，自控人员必须要懂得暖通的逻辑，作为开放平台的PLC，市场上能找到许许多多对应的学习资料，西门子也提供了许多培训机会和教材。源牌针对客户的培训中，重点部分往往就是对暖通的原理、设置的要求和控制的逻辑等方面，告诉他们怎么去操作。如果遇到需要修改的部分，物业人员可以把问题反馈给源牌，源牌便可以打开程序告诉物业需要修改的程序和参数。比如要修改一个电量，告诉他怎么修改，这是非常容易的，PLC在语言方面是非常直观的，在原理图里就有。而外来的DDC可能连程序在哪里都不告诉你。有些人老是认为，PLC太麻烦了，一个个都要编程，你源牌自己编的程序，你自己当然懂，但普通人怎么行？他们又认为，DDC是技术发达国家在PLC的基础之上针对楼宇软件的开发，不需要做过多的软件开发就可以直接拿来用，甚至普通人都能够应用DDC集成的功能块，岂不是比PLC省心许多？

不仅外行，就连很多暖通界都是抱有这种态度。

乍听之下，似乎有道理。但不依靠事实去体会调试，根本不知道DDC落地之后的窘态。有共性的东西可以固化，但每栋楼宇有它自身的特点，没有一套标准可以完美套合。而PLC的益处，也在实际中彰显得一清二楚。因此没有PLC，再努力也得不到变现的机会。

而这种后期自我维护的可行之处，也减轻了源牌不少服务压力。首先，系统内已经预设了针对不同情况的不同运行模式，不需要像DDC那样有点意外状况就必须要额外编程。PLC的技术是开放的，管理人员在源牌搭好的架子上，可以自行解决大部分问题，足以让珠江城勃勃的生命力延绵不绝。截至目前，2500多个PLC，没有一个出现过故障。在后续的项目跟踪中，也很少有什么不得了的大问题，即使有一些物业解决不了的小状况，源牌也可以从自控角度，通过在线的数据与本地化的服务帮他们修复更改。

在这样尽心尽力的物业管理下，珠江城关于环境所设想的一切未来指标，几乎都达到了预期要求。

这些指标包括：温度、湿度、新鲜度、洁净度、噪声，还有一个看不见却异常重要的维度——节能。

一开始就采用封闭幕墙的楼体，自然也是不知噪音为何物了。

温度与湿度也自不必多说。它们有一个额定的数值区域，只要保持温湿度处在其中，那么珠江城里的人自然而然就会感到舒适。源牌独立的温湿度传感器，就是为此而生的马前卒。

至于新鲜度与洁净度，珠江城无时无刻不停歇的新风，从室外通过一系列过滤清洁与加工，进入室内。一边控制住了湿度，一边又顺着天然风道悄无声息带走废气，只做一次流转的空气并不会在大厦内循环，它们很快就会被放归野外。这就是珠江城新鲜洁净的秘密。

珠江城通过实实在在的付出与确确实实的努力，在大工业时代的浑浊空气里创造了一片绿洲。在设计之初，珠江城关于空气就有这样的指标，即每人每小时要有36立方米的新风量，让在室内办公变得和在花城广场一样，甚至比花城广场更好。因为花城广场还有汽车尾气，但进珠江城的空气，在进入房间前，是要经历过滤、除湿、杀菌的。所以，珠江城的空气就非常干净，PM2.5才15微克。

珠江城总经理叶志明曾经说过："我不但是建一栋楼，我还想做一件善事。"他认为，良好的空气品质不仅仅只是提高人的舒适感，让在珠江城工作的人有更好的工作体验。最重要的是，对于一天中常常有8到12个小时必须待在办公室的人来说，优质的环境能切实地带给人们健康，疾病自然就远离在珠江城工作的人群。

他笑称："在珠江城办公，多活几年成为现实。"这就是珠江城不惜一切代价打造优质环境的原因。

十八大闭幕时，习近平总书记曾经说："人民对美好生活的向往，就是我们的奋斗目标。"

而珠江城的空调环境，就是业主们为白领阶层追求美好生活的一部分所做出的努力。这种努力，跟党中央的精神是高度契合的。

不过，要实现温度、湿度、新鲜度、洁净度、噪声达标，就意味着高能的电耗。试想在夏天，室外的空气达到30多度，如果开启新风，让这些30多度的空气涌入室内，就必然会加重空调和电力负荷，能耗之高可想而知。许多写字楼为了降低运行费用，甚至会选择直接关掉新风，就为了节省这笔不小的开支，当然也就无从谈起新鲜空气的体验。但珠江城不同，珠江城独有的空调模式，让它既保持着24小时的洁净舒适的条件，又保持着不可置信的低能耗。

工程部毛伟琴说，关于办公建筑的单位能耗，有一个国家标准，简单来说就是实际能耗与使用面积的比。它的指标值是100，引导值是75。

"我们这个单位的工作时间是5天半。2015年算出的值是113，修正后的值是106；2016年算出的值是111，修正后是103；2017年算出是98，修正之后是91……" 她这样介绍道，"在广东地区能拿到这样的业绩，其实是非常不容易的。省建科院的周处长说，广东地区地方性的指标能做到120已经很不错了，珠江城现在已经低于100了，正在朝着75的方向跑。现在，我们的入住率已经达到95%，我们的指标就会更低。"

这一点很好理解。就好像一间房子只有一个人用，打开空调就一定会消耗一定电量；但当房间里有两个人时，即使他也会排出热气，但是空调的能耗并不会达到之前两倍。如果我们把人数作为能耗比的分母，那么在只有一个人的情况下，这个能耗比肯定是偏向虚高的。

所以满负载运行之后，才能够真正反映节能效果。这一切，都该用数据说话。

果然，2017年和2018年广东省建科院的评估结果如她所料。

2017年，广东建科院的数据显示，珠江城每平方米空调用电28度，其他写字楼平均在50多度。

2018年，建科院再次对六项分项能耗分布进行统计分析，显示珠江城中央空调能耗占总能耗的占比为 31%，设备机房(含所有设备房）空调能耗占比为 3%，电梯能耗占比为 14%，一般动力用电能耗占比为7%，公共照明能耗占比为 11%，办公楼塔楼、商业等综合客户用电能耗共占比为34%。而在一般超甲级写字楼中，空调系统的能耗占总的建筑物能耗的 60%以上。

2018年7月，美国全国广播公司（NBC）盘点出全球十大可持续建筑物。其中，珠江城大厦以世界最节能环保的摩天楼上榜。而在此之前，它已经获得了数个国际环保奖。对于这一点，设计单位特别强调，该大厦节能效应的最大贡献来自空调系统。"室内温度设定在28℃就可以让人感受到26℃的体感温度，就是这2℃的温差，便可节省空调25%

的能耗。"相比常规非节能建筑，建筑自身能耗降低近60%。这就是当初备受争议的冷辐射空调与VAV新风系统的贡献。说来有意思的是，在大部分人的观念里，空调，自然是要吹风的。因此在一开始听到冷辐射时，许多人以为珠江城没有空调。

除开设计与施工的功劳，后期运维也有重大贡献。在珠江城运营期间，根据空调系统的实际运行情况，业主、物管单位和系统控制单位多次组织空调系统程序优化讨论会、空调系统运营专题会、空调系统能耗分析专题会等，对空调系统进行优化调试，有针对性地修正 PLC 控制程序，使得空调系统运行起来更加高效。同时，空调系统的水泵、新风机组、排风机组和冷却塔均采用变频控制，能根据实际负荷调整运行频率，整个空调系统能得到全方位、多角度的控制优化，综合以上措施，使得珠江城空调系统能耗大大降低。而这，则是PLC楼控系统提供的因地制宜的可能，以上的做法，大厦的管理者如果面对的是DDC系统，简直是不可能做到的。

现在，整个珠江城客户有近130家，入驻率超过95%。

要问为什么选择珠江城，这些客户们肯定有发言权。

中化石油，就是冲着珠江城大厦的空调来的。他们原本在隔壁一座大楼里，因为传统空调系统的缺陷，室内温度时冷时热，办公环境让人憋闷。偶然的机会，他们了解到珠江城大厦先进的空调系统与优越环境之后，便毫不犹豫地换到了这里办公。

39楼的云硕，也出于类似的理由。他们首先是信任第一太平的管理水平，其次就是因为空气好。本来，总经理张涛的秘书还想再去看别的地方，他说不用了，有这两点就够了。

珠江城花心血打造的空调系统与空气品质，如预期一样，成了招租的一张金色的名片。至于大家都关心的结露问题，事实是，在入驻率达到95%的今天，这个现象仍然没有出现。这也是让大客户们安心入驻的理由之一。

当然，其实珠江城的优点还远远不止这些。

友邦在珠江城租了两层楼，有将近2000名员工集中在这两层之中办公。对友邦来说，最深的体会就是高品质的空气和快捷先进的电梯，即使早晚高峰再多人等待，也不过一会儿就可以到达目的地。

珠江城电梯，可以说在整个广东是最快速的了。首先是数量上的优势，光D区9到32楼，就有8台双轿厢电梯，等于有16台电梯。其次是速度上的优势，珠江城电梯低层是6米/秒的速度，高层9米/秒，双轿厢电梯加9米/秒的速度，以此保证了电梯的畅顺。

新时代催生了很多新公司，他们是24小时上班的，在别的大楼没有这种服务。网易就是其中之一，他们在珠江城有整整七层楼，接近20000平方米，差不多3000名员工。因为是分三班上班，网易一天内要供应5餐，因此房间内热量可能相对其他公司更高。一旦出现不制冷情况，可能触发结露保护，导致冷辐射板不工作。而制冷负荷大部分在冷辐射板，它罢了工，温度就会上来。风机盘管虽然有一定的制冷能力，但是并不能完全代替冷辐射板。针对网易的特殊情况，物业管理给出了解决方案，就是在特定时间给大量新风去减少出现结露保护的情况。

这种服务也是珠江城的能力资本，仅2018年，珠江城就收到租户的上百封表扬信。

在多种多样的优势下，珠江城租赁情况非常好。人民群众耳熟能详的大型企业，中信证券、长安福特、法国欧尚、泛华保险、雷格斯、卓信律师行等早已入驻。还有许多公司，最初是将一部分职能部门放在珠江城，因为环境实在太好，便连总部也搬迁至此。

泛华就是这样，刚开始是办事处，后来总部也过来了。泛华总监卢燕明，对珠江城的高品质空气相当满意，对珠江城的物业服务相当满意，还和珠江城物业总经理秦自春成为至交，秦总经理也亲切地称这位优秀的女士为"lulu"，可见大家相处之愉快。

现在的珠江城，在光丽舒适的外表下，有一颗时刻不曾休息的强劲心脏和敏锐的神经网络。

早上7点30分，冷水机组悄无声息地开机了。不会等待太久，降温至6℃的工作用水经过层层路径，被传送到这71层大厦的每一个房间。经过系统精心调节的新风从地板下的出口缓缓流出，裹挟起房间内多余的湿度，从天花板施施然离开。空气中的湿气含量离露点还差了千儿八百，所以即使此时正是南方梅雨时节，霏霏阴雨与垂露打湿了窗外的玻璃，打湿了白领的衣襟，打湿了额边的鬓发；但在幕墙之内，是另一个清爽的早晨。

这是位于广州天河区珠江大道的超甲级写字楼珠江城，自竣工以来，十年岁月中的平凡一天。

它被诸多高楼大厦拥簇着，每天有数以万计的工作者在这附近穿梭来去。

在珠江城度过一天中大部分时间的白领们，并不知道这座大楼的核心到底在进行着怎样澎湃而无声的运作，才能将耗能巨无霸的空调系统从百分之五六十的占比压缩到31%；他们并不知道所谓供回水大温差、所谓分时段降温是什么意思；不知道冷冻水泵和冷却水泵有什么不一样；也不知道虽然这里从未结露，但是有大量的冷凝水在看不见的地方发挥着余热；更不要说什么领先世界的11项技术了。

但他们最能感知这里如山洞里的清新空气，他们最能感知等不过3秒的快捷电梯，他们最能感知珠江城里的经过高效过滤可以直接饮用的水。人生活在世上，离不开两样东西：空气和水，珠江城正好这两样最优秀！

珠江城，它不是最高的，却给了世界一个新的高度。这是绿色的高度，一种敢于尝试的高度，一种可以影响世界城市建设方向的高度。

珠江城，它不是最贵的，却给了世界最高标准的甲级写字楼全新的体验。健康、安全、舒适，它给出的不仅仅是一点点提升，而是一个人居新时代的开始。

　　那些曾经无数次出现在业主眼前、厚厚的书页里、数不清的电脑文档中的生涩名词与复杂概念，此时对于与呼吸着的珠江城朝夕相处的人来说，仿佛从未存在。

　　但是有些人却一辈子也忘不了这些东西背后的意义。

　　源牌总经理张劲松曾说："虽然珠江城的复制性不强，但珠江城起到的节能示范作用影响深远。"

　　是的，从珠江城的成功开始，中国自研的楼宇自控系统——"源牌自控"，从另辟的蹊径出发，用工业上应用的PLC，这个可编程逻辑控制器，走出了一条自己的楼控之路，走出了一条中国自主知识产权的民族品牌之路。打开了一种可能性，与这个楼控市场里盘桓多年的一流企业竞争的可能性。

　　不过，珠江城虽仍屹立于此，源牌人们却已经踏上了新的征途。

　　未来，在我国的心脏，政治、文化与经济的中心，将有一份沉甸甸的使命等待在他们从未松懈的求索道路上。

九

深圳能源大厦，第二个"珠江城"

现在，我们看到了楼宇自控的曙光，看到了民族品牌"源牌自控"初步的成熟，"源牌自控"的背后，是一大批年轻的工程师在追梦。

许多人自十多年前起，就在不断的工作中总结学习并积累相关知识。许多时候，即使是自控相关专业毕业，学校与工作中遇到的实际问题也差之千里，如果不能在项目中实践自己的知识，那么就不能算真正掌握这门技术。

深圳办事处经理章明华就深有体会。他是学自控出身，2004年刚毕业就来到了源牌。方一进公司，就遇上了对源牌、也是对自己千载难逢的机会——广州大学城能源站这个公司当时最大的项目。当时公司副总张劲松任项目经理，章明华是项目助理，诸如林拥军、宋勤锋、胡良军、李睿等后来绝对的骨干、公司技术工程销售的核心团队，无不是从大学城能源站项目中，全面得到了锻炼、真正获得了成长。

我们前面讲过，从观念来说，源牌自控系统的对象，分为两块：一个是冰蓄冷机房部分，一个是末端控制。前者早期已经积累了不少的案例，相较用在末端上的控制，要广泛得多。因此，使用PLC来对制冷机房进行控制并不是一个新鲜事了，它的稳定与可靠性已经逐渐为人所接受，大家甚至都有了一种共识：对机房部分的控制，不用PLC用什么，难道用DDC啊？

但是对于末端部分，情况就没有这么乐观了。在既有的观念里，楼控，肯定用DDC嘛。在这种固执的成见下，在推广PLC及解决方案时，他们第一反应是：楼控还有用PLC做的吗？如何扭转客户的观念，对技术性公司来说竟然成了头等的难事。而源牌自决定用PLC做变风量的末端控制器之后，确实花费了大量的精力去解决这个问题，并且也取得了一些成绩，说服了一部分人士，包括设计院、业主、顾问公司等，才争取到一些工程。

不过好在现在的情势已经起了变化。珠江城项目的竣工与后续使用状况，标志着PLC控制器大规模应用于末端的方案是可行的、是成功的、是高效的。当有人质疑PLC的控制系统时，珠江城项目PLC控制系统优异的表现，就是反驳这些言论最有力的武器。

而此刻，有一个和珠江城类似的项目开始招标了，这个项目，是深圳能源大厦。源牌琢磨开了：

深圳能源大厦位于深圳市福田中心区滨河大道与金田路交汇处东北角，是深圳能源集团股份有限公司为自己准备的总部大楼。而深圳和广州同处中国南部的广东省，外部气候条件相似。亚热带季风气候让这里常年高温多雨，但除盛夏之外，三季又兼具不同特点：春季湿寒雨阴、秋季露重风急、冬季又常有不期而至的寒潮与霜冻。对于打造舒适的人居环境，这些自然的约束对设计与施工来说都是严苛的挑战。

除了相似的地理环境，深圳能源大厦和珠江城的"低能耗"的环保理念也颇为相近，都对节能提出了明确的要求。相比珠江城采用诸多节能技术作为减排手段，深圳能源大厦的重点则在于更充分地利用建筑表面与日光、空气、湿度以及风速等外部因素，与环境达成平衡互动，以此作为源头办法，来创造舒适的高品质内部空间，完成顺应自然而非强制性的设计升华。

与珠江城一样，深圳能源大厦工程项目也属于超高层建筑，由南北两栋塔楼、裙楼及4层地下室组成。北塔楼42层，高度218米；南塔楼20层，高度116米；裙楼8层，高度46米。总用地面积共9047.06平方米，其中建设用地面积6427.6平方米；总建筑面积约14.3万平方米，其中地上建筑面积约10.7万平方米，地下建筑面积约为3.6万平方米。因此，只有高效的楼控系统才能实现对这栋大厦有效控制，达成它建造之初的要求。

对于源牌来说，这是趁热打铁地推广PLC楼控系统的好机会。不过首先要解决的问题，还是如何让业主接受PLC。有趣的是，这次的业主其实对PLC十分熟悉。

深圳能源大厦的业主单位是深圳能源集团，旗下所有的发电厂，本身就在大量应用PLC进行工业生产的相关控制。所以，公司里对PLC技术相当了解的专业人士不在少数。但即使在这样看似有理的情况下，在他们完全能够体会PLC强大功能的情况下，业主们依然会表现出对PLC楼控系统的不理解。

PLC？好东西。应用于楼控？恐怕不行吧。

这就是成见的可怕之处。

从深圳设计院获得第一手的信息后，源牌对这个项目做了评估，并从项目业主的要求、项目定位上进行了详细的个体分析，在以PLC设计方案参与竞标之后，源牌的重点还是放在了实事求是上，以实地成熟的案例去说服他们：PLC就是比DDC好。好在哪里？请往这边看。

他们首先带深圳能源大厦的业主考察了广州大学城区域能源站，感受了PLC在面对复杂情况下如何游刃有余地统筹着制冷机房的运转；然后就是珠江城，看这座庞大的生态系统的自转，听取PLC在珠江城具体作为的客观反馈；最后就是请他们参观源牌总部，考察公司的历史与目前规模，并通过源牌建立的一系列概念楼馆去了解源牌当下的技术水平。

虽然相对DDC楼控系统，PLC的应用案例确实数量较少。但通过这三个不同案例的考察，一方面，源牌完全展现了自己的实力：源牌公司既是自控公司又是空调公司，对自控和空调工艺的结合有丰富经验，在变风量方面也入场得很早，除了源牌以外，市场上少有能对VAV系统做解决方案的其他公司。

解决方案与控制策略的双重深入，让源牌本身的能力在竞标中，表现出相当的优势。另一方面，正因为业主们多是懂行的业内人，虽然有一些先入为主的己见，但在目睹了实际情况后，他们又认真听取了源牌就具体问题的详细分析：PLC为什么可以应用于楼控，如何应用于楼控，具体控制策略与逻辑是怎么做的，控制参数是怎么回事。如此一来，业主们纷纷解惑，也顺势接受了PLC楼控方案。

其实，源牌的VAV系统还有一个优势，它不仅可以搭载PLC平台，也可以用DDC来控制它。但是源牌没有急着拿出PLC的控制方案，而是以VAV系统效能与体验优势，先行说服业主做变风量空调的解决方案。之后，再建议他们用PLC来实现控制，把用PLC做控制系统和用DDC做控制系统的优劣完全呈现给业主，让业主单位自己来抉择。

能源大厦的业主到源牌厂房考察之后，看到了VAV产品的生产线情况，看到了检测装置，看到了源牌获得的国际认证，看到了让人满意的实际效果。看到了PLC的领先优势，真相与事实是最有力的，对于对PLC控制器早已有过接触的能源大厦业主来说，他们心里有了谱。

在随后的投标阶段，其他几家竞争单位基本上都没接触过VAV变风量系统，因此在编制标书时，源牌对自己的各方面能力有着足够的信心，特别是最重要的技术标这一块。在述标时，如源牌所料，最后一个登场的源牌获得了全场的好评。

很多时候，招标过程中会有许多实力之外的干扰因素。但是对于主理招标的责任人来说，如果屈服于一些人情，屈服于一些权力干预，不能让能源大厦用上最好的、最合适的楼控系统，那么在未来的很长时间，大楼的使用者必然会深受其害。所以，能源大厦的业主顺应自己的内心，绝不能让工程之外的因素影响了项目招投标的公平公正，这就是良心。

毫无意外的，按优中选优的原则，最优的"源牌自控"中标。

对于这次中标，"源牌自控"表现得很从容，它早已经准备好了，只等一声令下，以实际行动证明业主们的选择是正确的，它不会辜负业主的这份信任。

针对能源大厦的实际情况，和珠江城项目一样，采取了变风量空调结合PLC楼控的思路。

在南、北塔楼写字楼部分，源牌采用VAV变风量空调系统，其中核心产品就是源牌自主研发的品牌产品——变风量一体化末端装置VAV-TMN，共计约1600套。楼层控制系统依然是可靠稳定的工业级PLC控制器，而其控制策略，则是源牌最先进、最节能的自主创新技术——变静压控制策略，实现了对电动水阀、电动风阀等执行器以及温湿度、二氧化碳、PM2.5等室内参数的监控，从而保证节能前提下健康、舒适的空气品质。

与珠江城不同，塔楼办公室采用的是不分内外区的单风道变风量全空气系统，末端变风量装置共由1605台源牌VAV和436台风机盘管组成。在南塔屋顶，北塔的20层、28层和屋顶均设置了两台新风机组。新风由这些新风机组集中处理后，送至各层空气处理机组的回风口。每层除设有两台组合式空气处理机组外，还有新风支管安装电动调节风阀，以改变新风量。

裙楼的具体设计又有不同。大空间区域起用了低风速定风量全空气系统，新风由外墙百叶或新风竖井引入，与集中回风混合，接着一起通过空气处理机组进行处理，之后再送至空调区域。与此同时，裙楼小隔间商铺、办公及北塔商务会所则采用风机盘管加新风系统。

至于最重要的自控系统方面，源牌依然采用PLC控制系统，它的优点已不用复述：通信速度快速、稳定，编程能力功能强大；上位机画面功能全面，开发难度小，维护方便。该项目2018年5月投入使用，自动控制调试所有参数均满足或高于设计要求。

后来，深圳能源大厦自控总工赵秀红曾感叹道："在这么多参建单位中，在安全、质量、进度与合作等方面，源牌表现都是最好的，项目团队素质非常高。"

2018年8月31日，由中建二局主办，源牌科技、西门子联合协办的深圳能源大厦变风量空调系统调试及运行评审会在鹏城顺利召开。深圳建科院暖通总工吴大农、广东省建筑设计院暖通总工廖坚卫、华南理工大学建筑设计院暖通总工陈祖铭等广州、深圳两地多位行业专家，及项目业主单位与顾问公司代表应邀出席此次评审会。已经是源牌科技总经理的张劲松和工程中心总经理胡良军等参加了本次会议。

评审会专家组一行实地视察深圳能源大厦项目的具体情况。在大楼内，他们亲身切实地感受到了高质量的办公环境。在源牌变风量空调系统下，这里安静而鲜洁，温煦而宜人。在空调控制中心，他们又查看了系统运行情况及大厦各房间反馈的环境实时参数，发现控制系统响应时间、控制效果等均达到设计要求。此情此景，让专家组对控制系统的稳定性、可靠性赞不绝口。

参观项目只是第一步。之后，专家组移步大中华喜来登酒店召开评审会，由专家组成员推荐的吴大农担任本次评审委员会组长，廖坚卫、陈祖铭担任副组长。随后，源牌项目部的代表胡良军，就项目实施过程的技术进行总结汇报，详细介绍了项目基本情况、系统设计目标、项目产品选型及配置、项目实施过程、项目运行数据，向与会专家详细展示了项目建设过程及取得成绩，从数据层面进一步佐证了实地调研的感受：

安静无噪，室内噪音小于40 dB，会议室36.4 dB，办公室33 dB；空气温煦干燥，精准的温湿度控制均保持在体验最舒适的数值左右，误差极小；新风干净新鲜，PM2.5均小于20；节能，变静压控制节能率达28.2%⋯⋯

以上种种，均达到甚至优于设计指标的调试结果。专家组在结合现场情况及汇报内容的讨论中，也一致认同了这一结果。这一切都离不开精度高、响应快、噪声低、阻力小的"源牌自控"。

所以，"源牌自控"的优势显而易见：在西门子PLC控制器基础上，稳定可靠，程序标准化、操作运行方便；采用基于阀门开度加权平均的智能模糊变静压技术，相对于定静压控制技术，节能达到20%以上。最重要的是，"源牌自控"采用开放软件平台、远程数据监控和专家诊断等技术，结合"产品+服务"模式，在后期持续为客户提供高效的售后运维服务，提高了调试效率，缩短了实施周期。

基于以上事实，深圳能源大厦的变风量空调及控制系统的技术水平和实际运行效果处于行业领先地位。

会中，陈祖铭副组长更是坦言："今天的VAV系统是我所见过最好的，以前设计的项目调试后都存在太多问题，源牌重新点燃了我们设计变风量的信心。"

还要告诉您一个秘密，业主负责人这样评价："源牌是所有分包单位里表现最好的，没有之一。"总包项目总经理说："源牌是VAV行业国内最专业的，是施工单位最优秀的合作伙伴。"这些都是源牌人最好的动力！

而"源牌自控"能做到的绝不仅仅于此，它的核心之一还有服务的可持续性。质保期结束后，源牌几次到深圳能源大厦，业主无一例外地都会对"源牌自控"这套系统赞赏有加。付出有了好的回报，源牌想要的就是这么简单。

2017年11月30日，深圳能源大厦项目顺利通过竣工验收，并获得广东省优质结构工程奖、第四批全国建筑业绿色施工示范工程、广东省建筑工程安全生产文明施工优良样板工地等奖项。

2019年4月8日至10日，CTBUH 2019高层建筑与都市人居先锋会议（Council on Tall Buildings and Urban Habitat）在深圳顺利举行。该会议旨在展示和表彰世界各地最优秀的创新高层建筑、最先进的技术和突破性的工业实践，探索研究可持续城市主义的前沿。此次，来自全球40多个国家的800多名代表齐聚一堂，就全球超高层建筑的发展与创新问题进行交流对话，并颁发关于全球杰出建筑各类别的奖项。共有来自全球各城市的51个项目入围，中国项目达到了17个之多。其中，就有两个获奖项目，是由源牌参与施工的。一个是北京中国尊（中信大厦），荣获">400米的最佳高层建筑"，这个是我们接下来会重点书写的项目；另一个，就是深圳能源大厦，获得了包括"2019年杰出建筑奖（200～299米）"和"2019年最佳高层建筑奖（200～299米）"在内的两项全球大奖。

一南一北，遥相呼应，都是源牌人深度参与过的项目。个中骄傲，光靠言语实在无法表达。

2018年11月，源牌在华南区继广州珠江城大厦、深圳能源大厦后又中一地标建筑——广州雪松总部大楼。

世界500强民营企业——雪松控股集团，其总部大楼位于广州开发区开创大道以南、开达路以西，由两幢主办公塔楼、附楼以及景观下沉广场等构成，地上建筑面积68659平方米，地下建筑面积37212平方米，主楼高80米，共17层，可容纳3500人办公，具备5A超甲级智能化写字楼配置，将成为未来广州科学城地区的地标性建筑。

雪松总部大楼低碳节能设计亮点频频，源牌此次成为该项目变风量空调系统总集成商，全面负责包括变风量空调系统、空调智能化系统（建筑机电设备管理系统）、联网型温控面板系统等方面的总集成，该项目也将采用源牌先进的楼控技术，"源牌自控"——工业级的PLC控制器与先进节能的变静压控制策略，在保障健康、舒适的室内环境的同时，达到最优的节能效果。

2019年10月，华南区捷报再次传来。源牌中标广州复星南方总部基地项目变风量空调系统及楼宇自控系统。这是"源牌自控"在华南区又一完整应用的高端项目。

复星南方总部项目总占地约2.2万平方米，总建筑面积约26万平方米，定位为复星南方总部—HFC（Headquarters of Fosun Southern Center），将打造为"健康蜂巢"和"金融蜂巢"城市综合体，项目业态规划包含超甲级江景写字楼、国际健康管理中心、金融创新服务中心、精品商业中心等。

作为复星集团的南方总部基地，该项目定位高端，对项目执行的各个环节严格把关，源牌以VAV产品供应+BA系统集成者的身份参与该项目，是业主对源牌的充分认可。项目在前期的销售过程中，经历了将近2年半的时间。其间，源牌也迎接了业主多个部门的多次考察，其中包括对公司的生产制造中心"绿色工坊"的考察，对"源牌低碳建筑科技馆"的考察，对源牌广州、深圳、杭州等全国多地实施项目的考察。经过业主的层层选拔，源牌以扎实的技术和过硬的产品，最终征服了业主，也赢得了最终的中标！

项目采用了一体式VAV BOX共1600余台，BA系统整体采用西门子PLC控制器，控制点位逾8000点。在这样大规模的系统中，"源牌自控"充分体现出优势，做到可靠、快速、灵活，为复星提供一套优秀节能的VAV及BA系统，"源牌自控"信心满满。

至此，"源牌自控"在中国的南方打出了自己的声望，在业内也得到了更多的认可。那么，在中国大好河山的其他地方，咱们的"源牌自控"会如何表现呢？

02

下篇

珠江城是一座里程碑，口碑效应在连锁发酵，"源牌自控"转战上海白玉兰广场、杭州平安金融中心等一系列一线城市标志性建筑，在全国的能源站项目大显身手，而对北京第一高楼中信大厦（中国尊）暖通系统负总责和对人民大会堂空调自控系统的成功改造，楼宇自控的民族品牌——"源牌自控"，带来了楼控的春天。

十

上海白玉兰广场，噪音在40分贝以下

事实上，"源牌自控"不仅在华南地区打出了名声，更辐射到了祖国的大江南北，特别是上海。作为我国最发达的地方，上海本身对自控系统等产品的需求量可以说是居全国之最。凭借着能源站项目而成为权威领头人的源牌，也获得了来自上海业界的许多尊重。

因此，当富有分量的上海白玉兰广场项目招标，源牌成功拿下这个项目时，许多人也期待着"源牌自控"的表现。

由知名印尼华人实业家投资建成的上海白玉兰广场，地处北外滩黄浦江沿岸地区，屹立于陆家嘴隔江之地，与东方明珠、金茂大厦、环球金融中心、上海中心遥相呼应，为沿黄浦江的地标性建筑及浦西最具标志性的第一高楼。此工程总投资130亿元。项目包括一座66层高320米的办公塔楼，一座高171.7米共39层的酒店塔楼，一座展馆及配套裙楼，其中办公塔楼顶部设置有上海最高的直升机停机坪。白玉兰的总建筑面积接近42万平方米，其中地上26万平方米，地下16万平方米，共计4层的地下空间将分别与上海国际客运中心和地铁12号线国际客运中心站相通。

2009年6月，白玉兰广场动工建设。在白玉兰土建工程的后期，源牌就开始了对这个项目的跟踪。主要负责人，就是源牌智能事业部总经理宋勤锋。他于2007年走马上海，派遣他的理由，比较有趣。因为公司分析，上海人比较喜欢讲上海话，宋勤锋刚好家在上海附近，能听懂上海话，这在工作中是有利的。为此公司便选择了他，而他扎根上海一做便是10多个年头。

白玉兰对他来说，是上任不久即遇到的一个重要项目。因此，距今虽已有10年的光阴，但当时负责该项目的宋勤锋，依然对每一个过程历历在目。

这一次，源牌同样与最亲密的合作伙伴西门子搭档。西门子的硬件平台，加源牌的软件与编程，强强联手，效果翻倍。白玉兰广场办公楼项目采用源牌变风量中央空调，7℃供水，12℃回水。因为楼层较高，中间楼层采用了板换接力的传输方式。变风量空调末端及控制系统依然是源牌的产品，共有变风量末端装置（VAV-TMN）约3200套，其中内区采用单风道VAV-TMN约1200套，外区采用风机动力型VAV-TMN约2000套。每个房间由源牌来控，控好之后给出一个通信接口。从这个角度说，源牌的产品与国际品牌在对接口方面是完全通用的。相对于其他相互之间有壁垒的厂家来说，这种开放才真正实现了变风量和楼控的完美结合，没有造成割裂。

空调冷源采用电制冷离心式冷水机组，空调冷源系统另设空调冷却水—空调冷水板式换热器，可以在室外环境允许的条件下实现免费冷却，达到节省运行能耗及费用的目的。各区域热源均由锅炉房提供，热水经换热器交换后提供各区域空调热水。冷冻机房设置在酒店区域地下4层。

根据各功能分区的不同特点，源牌将它们分为了如宴会厅等的大空间场所、如酒店客房的小空间、商场和标准办公区域。再以此为依据，有的放矢设置了不同的送风方式、送回风口位置、新风处理模式和风机等不同组成形式。

其实类似珠江城项目，VAV变风量系统也划分了内外区。内区的变风量末端装置均选用单风道型无动力设备。系统运行时，空调机组送出的一次风量经单风道型变风量末端内置的风阀调节后送入空调区域。外区则采用了带加热盘管的并联型变风量末端。每个变风量末端装置都搭载有风阀控制器，其选用的RVC型VAV控制器，采用32位ARM智能处理器，支持多种国际标准通信协议，也支持433MHz无线通信，具备自组网络功能；并且通过在硬件和软件两方面的努力，控制器的抗干扰性得到明显加强。在项目的后期调试及运行中，控制器的优异性起到了至关重要的作用。

至于最紧要的变风量空调策略问题，源牌依然使用了与珠江城类似的双级静压控制策略，也就是定静压及变静压结合的控制模式，可根据项目使用情况进行选择。实现双级静压的控制逻辑是这样的：在送风管上设置的静压传感器，根据设定静压值与实测值的偏差来变频调节送风机的转数；根据末端VAV-TMN的开度及数量进行加权计算，进行空调机组频率再设定，保证变风量末端装置的风量调节阀尽可能位于高开度下运行，最大限度降低空调系统能耗。

除此之外，针对关键的送风温度，系统会根据设定送风温度与实测值的偏差调节电动冷/热水阀的开度，并根据各VAV的阀位开度以改变系统送风温度，实现空调系统的节能减排。而关于变风量新风的控制方面，一种风速传感器被设置在新风管里，空调运行季根据最小设定新风量值与实测值的偏差来调节新风阀和回风阀的开度。

为了使用更为便捷安全，控制系统还设有开关机控制和报警功能。前者可以根据需求利用时间表来实现定时开关机；而后者则会让系统在出现过滤网阻塞、风机故障、传感器故障等情况时自行进行及时判断，并用切断电源或报警的方式提醒管理员。

为确保不出任何问题，源牌的工程师曾林春在那段时间一直紧盯这个项目。事实上，整个工程的设计与施工总体是顺利的。不过在白玉兰项目历时甚久的跟踪工作中，付出与劳心是不可避免的。其中各人的艰辛，不足为外人道也。

宋勤锋清楚地记得，有一天，就为了要证明一个技术的可靠性，他连夜驱车从上海前往源牌总部青山湖，又从青山湖马不停蹄去到苏州。到苏州时已是午夜12时正，但他没顾得上休息，在这里完成测试并取得满意结果后，便立刻赶回杭州。而这一切的奔波，只是为了确保这个技术是没问题的。这一切都是为了做充分的准备，以迎接第二天业主的考察。就是在这样遇事不决则躬行求真的精神和干劲下，源牌最后拿下了项目。

比起这些，更让所有人记忆犹新的，其实是在投标过程中的一场风波。

当时，针对基于PLC的楼控系统，有一位白玉兰的业主起初是坚决反对的。这位业主原本就是某外国知名楼控品牌的研发工程师，因此对暖通和控制都极为熟悉。对他来说，DDC做楼控是天经地义的事儿，因此不接受、也不愿意去了解PLC楼控。

一开始的沟通是非常艰难的。源牌的技术人员在与他对接的过程中，完全无法输出有效信息。在他看来，光是他就已经在国外品牌中做了20多年的研发，在他之前，这个品牌已经有百年的经验。PLC平台的楼控系统不过是一个刚刚诞生的新事物，别说分庭抗礼，就是与这样的百年老店相提并论恐怕都不配。

因此，无论源牌这边说任何技术，这位工程师都会立刻拿出原理的大棒来敲打你。而对这样一位精于理论研究许多年的专业人士，长于实践应用的技术人员有时候也会被套进对方的逻辑里，一时无可反驳。这就造成了最初的低效沟通。但是，正因为他是一位专业人士，正因为他对DDC熟悉得不能再熟悉，所以他也非常清楚DDC的困局与缺陷。在源牌的耐心交流和成果展示下，他逐渐意识到：PLC真的能完成DDC不可为的事，克服DDC天然的缺陷。最后，他被事实所打动、所说服，接受了PLC的方案。

对于源牌来说，白玉兰业主的强势并不是坏事。这次思想与技术的交锋，某种意义上是一次难得的学习机会。他们也从这位经验丰富的工程师身上学到很多东西，毕竟楼控的许多原理，DDC和PLC的控制内涵，许多时候都是相通的。在中标之后，这位研发工程师也给了源牌很多实用的建议。对于这些经验，源牌虚心请教，一一接受，并结合自己的技术与项目情况做了改进。在这个互相合作的过程中，双方达成了对彼此的认可，也结下了深厚的友谊。

是的，一些国外品牌毕竟已经几百年历史，用户的各种需求与状况，他们都遇到过。而这正是源牌缺乏的经验。毕竟在技术上虽然有骄傲之处，但实地经验确实又离不开时间和项目数量的积累。但这些有益的经验反过来也说明，国外品牌的毛病，并不是产品性能的不够强大，而是不愿意贴合用户的需求进行设计与调整。一位洋品牌的销售工程师就曾坦言，我就想着法子把他卖掉就行了。如果不愿意锤炼品质，那这个产品取胜的"关键"，自然就只能依仗代理商销售的技巧。如此现状，怎么可能让业主满意？因此，市场一直在渴求高素质的从业者和高品质的产品。

这，就是当时的楼控之痛。

2016年12月，全面采用源牌自主变风量空调系统技术的"浦西第一高楼"竣工建成，随之而来的，是一系列对白玉兰项目的认可。早在2012年，尚未完成的白玉兰广场就已经获得美国绿色建筑委员会LEED金奖认证，后面则又拿下不少奖项：2016—2017年度中国建筑业协会中国建设工程鲁班奖；2016年度上海市建筑施工行业协会上海市建设工程"白玉兰"奖（市优质工程）；2019年第十六届中国土木工程詹天佑奖。

白玉兰广场业主副总经理樊孝通，高度赞扬了源牌工程队伍丰富的经验与精湛的技术，并对其产品和服务给予了充分肯定。变风量空调最需要留意的，无外乎冷热不均和噪声扰民。而在白玉兰广场，得益于先进的技术，噪声始终在40分贝以下。对业主来说，截至目前这个项目都是非常成功的。

樊孝通说："目前从已经入驻的用户和开发商自用楼层运行情况来看，大楼室内环境好已经得到了反馈。源牌的品牌优势良好，温度控制、新风出风比例、节能状态等方面表现优秀。原来用的比较多的都是国外品牌。" 上海拥有巨大的市场规模，但在此前的很长一段时间里，市场上空调存量以国外三大品牌为主。

"从VAV跟BA（楼控）的结合情况来看，能让客户用起来方便、舒适度高的楼控还为数不多。现在用源牌，整个过程配合得相当默契，有问题出现，解决问题速度很快，这样的服务意识对于服务好高端楼宇应该是好处多多的。"对他而言，开发商与供应商需要合力让系统运行达到最佳从而让客户满意，这是他们义不容辞的责任。实际上，为了达到这种更好的效果，在最近几年，上海的相关项目，业主通常选择把暖通系统的相关控制单独做成一个精巧的楼控系统，再把它归拢到一个统筹多方的大楼控系统里去。这对后续的运维效果确实非常好。

2018年年初，樊孝通再次与源牌董事长叶水泉进行了坦诚的交流。这次会面，樊孝通把最初埋藏心底的话说了出来："其实刚开始，我是不太相信源牌的产品的。"源牌过硬的实力与到位的服务，让他心悦诚服。当时，负责项目安装的总包方是上海一建，源牌则是负责产品加系统。在安装完毕、顺利撤出后，小业主们的期望，则转移到了后续服务的质量上，毕竟楼宇普遍存在二次装修以及后续服务的需求。事实证明，源牌不仅产品经受住了考验，还有及时响应、全力支持的后续工作，体现了他们产品与服务的全面性。而这种售后追踪，也正是"源牌自控"一直强调与建设的核心重点。

"让我看到了国产自主品牌的未来。"他强调道。

上海白玉兰项目的大获成功，不仅让源牌在上海地区声名大噪，"源牌自控"在变风量及楼控领域的实力也已被越来越多人认可。

后续，源牌在上海又连续中标多项重要项目。

2017年8月底，上海龙华国际服务中心X-1地块变风量空调及楼宇控制系统招标。

位于上海徐汇滨江国际航空服务业集聚区核心区域的上海龙华国际项目，由四栋建筑围合而成，占地合计7.2万平方米，总建筑高度200

米，总建筑体量47万平方米，包含行政、办公、酒店和商业等功能板块。该项目主要用户为航材供应中心、通用航空配套用房、商用飞机审批中心、航线管理中心等，其建设目的是在徐汇滨江地区，引领高端航空服务产业发展，成为立足上海、面向全球的产业高地和商务中心区。

雄心勃勃的建设目的，也就意味着有一群挑剔严格的业主们。而评标的结果显示，在各投标单位中源牌科技的技术及商务评分均拔得头筹。

就细节问题与业主进行了充分沟通与交流后，源牌得到了业主们的信任。也就是说，该项目空调与楼控系统的主要内容，包括产品的选择、逻辑的应用和方案的实施完全由源牌的思路来做。

为了不负业主们之望，源牌为上海龙华国际践行了一整套完整的技术路线，全线采用"源牌自控"的产品及控制策略。

龙华国际总空调供冷负荷为18438kW，空调新风系统采用一次回风全空气低速空调系统，标准层采用变风量空调系统，项目的风速测定范围要求低于1m/s，精度要求±0.1m/s。基于种种要求，楼控系统全面采用基于西门子工业4.0的源牌变风量控制系统，具有低风速、低压损、高效节能、绿色环保等优势，确保了室内环境健康、舒适，在实现控制目标的同时大幅度提升了楼宇档次。以上成果，完全满足了业主所提出的高精度控制、有效节能、舒适环境等需要和其他个性化控制的定制诉求。

2020年，上海龙华国际服务中心被上海市政府命名为上海市AI TOWER（西岸国际人工智能中心），上海期智研究院、上海树图区块链研究院等高端研究平台，全球人工智能高校学术联盟、AI青年科学家联盟等高端学术组织，微软、阿里、华为、依图、明略、联影、思必驰等人工智能头部企业均已入驻，这是对龙华服务中心品质的最好认可。

之后，源牌在上海愈战愈勇。

2018年，继白玉兰广场、国家展览中心、世博发展大厦、龙华国际中心、阳光滨江中心等项目后，源牌又顺利拿下一处地标建筑——中美信托金融大厦。

占地面积12800平方米，建筑面积12.3万平方米，地处上海黄浦江和苏州河交汇处的河口地区，位于外滩北端历史保护区延伸地带和苏州河北岸景观走廊，中美信托大厦具有得天独厚的区域优势。中美信托大厦建设初衷是成为集金融办公、休闲餐饮、精品购物于一体的综合商业中心，建成后将与上海大厦、浦江饭店、邮政大楼、外白渡桥等著名建筑及四川北路商业街一起，共同构筑起外滩河口地区一道亮丽的风景线。对于促进虹口区区域经济的发展，完善苏州河北岸乃至外滩地区商业功能，这都具有重要意义。

为了为大楼打造健康、舒适且绿色的室内环境，源牌为其装配了第三代VAV控制器的变风量末端装置及触摸型温控器，并获得了很多好评。

2019年年底，龙华国际调试成功。与此同时，湖南电视台华东总部大楼、上海市政大厦等诸多项目又向"源牌自控"投来了橄榄枝，"源牌自控"发展势头迅猛而喜人。

与源牌携手前行的，还有PLC的命运。相比10年前，PLC的未来越来越明朗，国家甚至还专门成立了调适委员会，这是三五年前甚至都不能想象的。

2017年11月1日，中国建筑节能协会建筑调适专业委员会成立大会在上海国家会展中心隆重召开。对于建筑调适与相关市场，国家和行业展现出越来越多的关注与认同，强调在深度结合智能控制技术的基础上，未来建筑调适应融入建造程序，融入人们生活质量需求，融入日常物业管理。

必须全力做好源牌变风量系统，做好源牌变风量产品。确保系统稳定可靠，节能高效。"源牌自控"树起国人对楼控的信心、对追求美好生活的希望！

 十一

平安金融中心，秒级突破的胜利

　　"硬件可靠、软件开放，品质服务"的"源牌自控"，用坚持、专注，心外无物地给中国楼控注入了崭新活力！

　　2016年6月初，"源牌自控"在杭州平安金融中心变风量空调系统及楼宇自控系统中登场。

　　这个由中国平安建设的项目，建筑的外部条件是这样的：高度达到180米，占地约2.4万平方米，总建筑面积约28.5万平方米，由三幢塔楼及商业裙房组成。它最初的建设目的是成为中国平安的浙江总部大楼，却也不限于此。金融中心扎根钱江新城CBD的中央核心区，主要业态由国际甲级智能化写字楼和精品商业组成。因此，业主们希望能够以综合体效应成为中国写字楼的高端示范，让这座大楼成为未来钱江新城金融地标建筑群。为了达成目标，金融中心总投资高达50亿元。可想而知，业主在建设过程中会怀抱如何审慎细致的态度来选择合作者。

　　同样的，每一次招投标的过程，每一次大家从陌生到熟悉都有一个过程。这个过程，自然是源牌展示自己实力的过程，是"源牌自控"证明自己的过程。当杭州平安金融中心招标时，业主一到源牌考察，最为关心三件事：有没有案例？选择"源牌自控"的理由是什么？后期运维将会怎样？

　　在我们的青山湖科技城总部，源牌的零能耗楼、源牌的绿色工坊、源牌的青山湖区域能源站，都实实在在摆在那里。这还不够，要听听别人怎么说，听听"源牌自控"的受众怎么评价！此时，"源牌自控"案

例增多，广州、深圳、上海，请"源牌自控"的使用者现身说法，谈一谈基于PLC楼控系统的体验，论一论"源牌自控"的支持性服务。这些案例是鲜活而无可置疑的，平安的业主们越听便越动了心。

最后自然是一整套严格的程序，源牌不负众望中标。在这次合作中，归属源牌负责的范围包含VAV变风量空调与建筑设备监控系统BA深化设计、设备制造供货、安装及调试。项目全面采用源牌变风量空调系统及基于工业PLC的楼宇自控系统，项目使用变风量末端装置近1500套，总控制点数约15000个，项目所采用的源牌RM5600末端智慧控制柜，将内置更加节能的变静压控制策略，实现对电动水阀、电动风阀等执行器以及温湿度、二氧化碳、PM2.5等有害气体的监控，从而保证节能前提下健康、舒适的空气品质。平安项目的建成，是继杭州市民中心、上海银行杭州分行后，源牌在钱江新城的又一节能力作。对于G20分会场的钱江新城来说，这些新兴绿色的大楼，为保障峰会健康、舒适地召开，贡献了各自的力量。

而对"源牌自控"来说，每一次的项目，都是一次自我砥砺与精进。平安金融中心，自然也不例外。2017年年末，从金融中心源牌变风量中央空调的调试现场传来好消息：源牌自控数据传输反馈速度在大型楼宇自动控制系统中实现秒级突破！这一成果令所有人分外惊喜与振奋。

这是什么概念？过去，相关数据的传输速度通常都以分钟计数，有些项目的情况甚至更为糟糕，某大型国际机场的DDC楼宇自控系统从发出命令到收到反馈数据，中间竟然长达一个多小时。

建筑设备监控系统网络一般分为三层：管理层、控制层、设备层。管理层中的服务器、中央工作站、网络控制器等通过工业以太网相连。楼层至建筑设备管理中心网络采用10M/100M以太网，楼层内网络采用Profibus工业级通信协议的RS485总线。

建筑设备监控系统服务器、工作站设于地下一层建筑设备管理中心，负责空调与通风系统及给排水系统设备的监测与控制。变风量空调控制网络被划分为四个区段，区段之间通信采用以太网协议，通信介质为4芯单模光纤。标准层每层设置两台变风量空调机AHU，分别配套一台源牌RM5600智慧控制柜，其核心部件为工业级控制器PLC，通过集成的RS485接口，对VAV末端装置及空调处理机组AHU进行控制，实现定静压、变静压等多种运行策略。

各个项目有自己的症结，而最初平安项目所涉及的通信速度瓶颈，在于楼层控制器与VAV-TMN变风量末端控制器这一链路。其实平安的通信速度并不是特别慢，一般都控制在分钟内，绝没有到以往传统楼控那种慢到令人发指的地步。但精益求精的渴望，永不停息。

源牌很快就找到了速度不尽人意的原因所在。

楼层控制器与VAV-TMN之间的连接采用了RS485总线，由于RS485为半双工模式，数据通信用的是轮询机制。所谓轮询，如字面意思，主机会轮流"询问"从机设备，一次仅能连接一台，多余的只能排队等待，且从机必须对主机的查询作出分析回应，这样造成的结果是吞吐量较低，不适用于通信量较大的场合，且"每求必应"势必产生额外的能源消耗。因此总线上VAV-TMN数量越多则轮询周期越长。例如对于一个安装有50台VAV-TMN的楼层，末端数据刷新周期最长将达到约1分钟。当采用被动刷新的方式等待数据时，从操作指令发出到查询数据返回的反馈时间将在这最长周期内波动。通信点位越多响应越慢，传统DDC通信亦是如此。

针对楼宇自动控制通信速度慢的问题，公司结合杭州平安项目组织精干研发团队实施技术攻关。在这个艰难的过程中，工程师们充分发挥了每个人的主观能动性，敢于打破固有思维模式，大胆创新算法，构筑新型控制策略；再通过现场反复测试，不断总结经验，结合PLC强大的工业控制性能，反复调整控制程序，制定出一套快速通信的程序，将任意设备参数修改和反馈时间由原来25秒缩短至奇迹般的1秒。这才是真正做到了监控中心与末端每台设备实时响应、动态调整，客户的体验也必定大大提高。

同时，源牌对VAV通信程序进一步优化，增设广播命令，可一次修改多个VAV-TMN的参数，简化了流程，减少了上位机操作步骤，提高了管理者的效率。

控制逻辑的优化和算法的创新，带来了通信速度质变一般的大幅度提升，源牌工业级控制器PLC系统的通信速率和强大的控制功能就此得到了业主和顾问的一致好评。这种自我的进步与外来的肯定，都坚定了源牌自控以工业级控制器PLC为核心创新变革中国楼宇自控系统的信心。

2018年6月28日，由上海建工四建集团有限公司主办、杭州源牌科技股份有限公司实施的平安（杭州）金融中心变风量空调系统调试及运行评审会在杭州钱江新城顺利召开，许多重量级专家一一到场。和以往流程一样，评审会专家组一行首先实地察看了平安（杭州）金融中心项目，在大楼内亲身感受了源牌变风量空调系统下健康、舒适、静音的办公环境，并在空调控制中心查看了空调节能控制系统运行情况及大厦各房间的环境实时参数。

这也是源牌最有说服力、也为之骄傲的成果证明。成果之一，室内温度精准的控制。设定温度和房间温度几乎丝毫不差，比如设定温度为25℃，房间温度也肯定是25℃。成果之二，静音无噪。经现场检测，会议室噪声为38.3dB，办公室噪声为38.9dB。成果之三，是空气新鲜干净。新风就不必赘述，就二氧化碳浓度而言，全天均在500ppm左右，与氧气达成令人舒适的比例。

此外，室内环境舒适、变静压节能运行，室内温度、VAV阀位均处于最优状态，在变静压控制中，静压及频率会根据末端需求的变化而变化，能以最节能的手段满足合理的VAV末端的需求，较定静压节能39%。

随后，胡良军代表源牌项目部进行项目实施过程的技术总结汇报，详细介绍了项目基本情况、系统设计目标、项目产品选型及配置、项目实施过程、项目运行数据，向与会专家详细展示了项目建设过程及相关情况。接着，专家组成员结合项目现场运行情况及汇报内容进行了充分讨论，形成了评审意见。

他们首先肯定了PLC。基于西门子PLC控制器的楼宇自控系统，表现出一系列优势与特点，诸如：稳定可靠、通信速率快、精度高、程序标准化、界面友好、操作运行方便。同时，与之搭配的源牌VAV末端及控制系统控制也具备了精度高、响应速度快、噪声低、阻力小等优点，满足了国家节能及用户个性化需求。

光有PLC，是远远不够的。随后，源牌的控制策略也得到了认可。基于阀门开度加权平均的智能模糊变静压控制策略和变送风温度优化控制技术，提高了变风量空调系统的室内舒适性、节能性和运行稳定性。

在这些事实基础上，金融中心的温湿度等诸多参数，均达到了建设指标。

而源牌自控的服务并没有到此为止。变风量空调项目"产品+服务"模式，通过工程产品化、产品机电一体化、软件标准化，节省空调机房面积，提高安装、调试效率，缩短了项目实施周期；之后又依靠自研开发的开放软件平台、远程数据监控和云端专家诊断等技术，源牌未来可持续为用户提供优化运行服务。

以上种种，让平安（杭州）金融中心的变风量空调及控制系统的技术水平和实际运行效果处于行业领先地位。

这个结果，可以看出评审委员会对"源牌自控"的认可。与此同时，专家们也给出了自己的建议，认为以后要结合工程实际，进一步调适优化空调系统。

对于这种认可，源牌人都显得异常激动。因为这次与会专家，有一位分量极重的行业巨擘，那就是华东院的叶大法。担任本次评审委员会主任的他，可以说对此次评审意见话语权很大。

叶大法大师，他是谁？中国变风量研究的先驱者与领路人！

叶大法，不仅是最早开始变风量相关领域研究的人，不仅是负责且做出第一个变风量项目的人，也是最早出版变风量设计相关专著的人，是变风量空调设计师的必读教材。

源牌的与会代表之一宋勤锋，一直发自内心地崇拜他，当初刚从校门走出来的宋勤锋甚至感觉叶大法是高不可攀的。直到后来因为工作关系和叶大师有了接触以后，感慨良多：真正的大师不是拒人千里的，他们每个人都如自己的兄长，和蔼可亲。也如自己的老师，愿意把自己的所学无私传授。以他为首的一批老专家，如杨国荣、陆燕、沈列丞等大师的厉害之处，不仅仅是学问高深，经验丰富，重要的还是他们对工作的敬业和对行业的热爱。

对于叶大法们来说，"源牌自控"确实把他们的想法与设计都一一变为了实体，因此，他们也对源牌感到放心，也对"源牌自控"这个我们自主的民族楼控品牌感到欣慰。

现在，无论是专家还是平安的业主们，都对"源牌自控"的实施效果十分满意。作为最大的房地产公司，平安内部其实有一个非常严密的对项目合作者的选择体系。此时的源牌虽在业界已有名声，但对于非行业内人士来说，相比一系列外国老牌，却不是什么震耳的品牌。当初选择源牌是面临着一些风险的，如果起用"源牌自控"失败，那么这些做决定的人就会面临着问责风险。

但现在，这份担忧已经不复存在。起用源牌的产品后，光就变风量一项的表现而言，就已经胜出国际品牌不少。杭州平安调试完后，好几个平安高层都表达了认可。他们此时坚定地认为，"源牌自控"是平安金融中心最好的选择，没有之一。

2019年6月12日，在中国杭州萧山雷迪森铂丽酒店拉开帷幕的第五届中国楼宇经济峰会，杭州平安金融中心荣获"中国最具活力商务楼宇""中国十大楼宇物业管理品牌"两大殊荣。

好的评价是会在业主之间口耳相传的。从平安内部，在行业之间，从业主单位到设计院单位，好的口碑在交流间接力传递。当涉及自控这一块领域时，他们首先推荐的就是"源牌自控"。对于这样一家民营企业，得到这样的信任，何其不易。

而最可贵的是，这份信任与推荐，是不偏不倚的，是没有掺杂偏爱的，是完全以事实依据出发的。

这就是实至名归。

对于平安集团来说，之前在各大城市的许多项目其实也是用的DDC，比如深圳平安。有了对比，才更显得"源牌自控"产品的优势。平安业主们在用实际行动给"源牌自控"打分：

北京丽泽平安向"源牌自控"招手，2019年10月29日，在源牌的一份助力之下，北京平安丽泽大楼亮灯，闪耀首都。

济南平安中心向"源牌自控"招手，2020年4月29日，源牌签约济南平安中心变风量空调供应合同，这是继杭州、北京后和平安集团合作的第三个项目。

2020年6月，源牌签约长沙平安金融中心，7月签约天津平安中心项目……

"源牌自控"，已经和平安集团结下了不解之缘。

"源牌自控"的信心，随着影响力的增长，随着和各地项目的各种结缘，一起成长。其中就包括，与北京第一高楼——中信大厦的的缘分。

 十二

中信大厦，垂直城市的中国范本

2010年12月，北京，朝阳区CBD。

虽然此区域面积并不大，却是首都的中轴，是城市的核心。而就在这一天，CBD悬而未决的中心位置，Z15地块终于等来了定音之槌。中信集团在26家投标企业中脱颖而出，将它一举拿下。这座规划建筑面积达36万平方米、定位为"北京第一高楼"的中信大厦（中国尊）项目，因其特殊而重要的地位，又因其巨额的资金投入、漫长的开发周期，以及一切可预知和未知的挑战，注定将饱受各方关注。

根据北京市政的规划，这里将建设一栋500米左右的超高层。它会是北京，乃至中国的新地标。因此，除了它的敦雅外在要彰显我国风仪，它的丰富内里也要实用而先进。

"Z15地块的选择是再谨慎不过的。"负责该地块投标的中信工作人员在回忆时这样描述道，"首先，地块上的未来建筑将成为北京第一高度，是北京加速建设世界城市发展目标的新标志。它本身就会从一个侧面承载和彰显出中国经济社会的发展成果。"

每个人都不敢等闲视之。

为快速推进中信大厦建设，中信集团成立全资二级子公司中信和业，专门负责中信大厦的开发建设和运营。中信和业的诞生原因清晰明了：甄别挑选不限于中信集团的优秀管理人员和建设项目相关的专家人才，以高效有序的运营模式为手段，以专业扎实的知识技术为基础，给中信大厦项目提供全面、可靠、安全、迅捷的保障与支援。

　　中信大厦项目的每一步都必须力求完美，不可妥协。仅中信大厦的设计工作，就经历了无数次的推倒与重构。主创设计师曾感叹："这（场招投标）可以说是中国迄今为止最惊心动魄的设计竞赛之一。"直到2011年12月10日，中信大厦的最终规划设计，终于尘埃落定。

　　中信大厦在外形上，它貌似古代樽器，故又称"中国尊"。它形体修长，窄腰秀挺，以108层、共计528米的楼身以擎空之姿直立中正，不偏不倚，如首都顶天的梁柱。中信大厦圆润而收敛的线条，恰到好处的比例，渐收渐放的体征，方正隽秀的气魄，在传递出平和庄重的风格之外，还让观者体会到它在美学上的精耕细作和我国哲思的古老表意。

　　地上108层、地下7层的中信大厦用地面积近11478平方米，总建筑面积43.7万平方米，其中地上35万平方米，地下8.7万平方米。从出生之前，它就注定、也必须是引领全球高层建筑发展方向的未来楼宇。超高层项目的品质要素是舒适、便捷、节能、智能，中信大厦必须都要具备。

　　"高速度、高品质、高性价比"地把中国尊项目建设成为超高层建筑的典范，是中信和业自创立伊始就确定的目标。对标全球一流的超高层建筑，从中获取经验和灵感，这是中信和业选择的第一步。

　　所以，早在2010年10月，中信和业就对中国已有的超高层进行了一次全面的考察调研，坚持"走出去"、坚持"动态对标"的战略，坚持"先考察后定型"的原则，将考察对比贯穿到中信大厦的建设全过程中。

　　尽管项目充满了各种不可预计的艰难坎坷，尽管项目充斥着可以想见的庞大工事，中信大厦项目，迈开了一场旷日持久、声势浩大的马拉松的第一步，万事开头虽难，但有了可望可及的目标，便有了希望。

　　对于中信大厦这栋世界首座抗震设防烈度为8度的主体结构超过500米的超高层建筑，中信和业结合国际建筑业较为成熟的EPC工程总承包管理，开创性地在中信大厦主导运用了ECPO（Engineering Construction Procurement Operation），即"规划、设计、建造、采购、运营一体化全生命周期工程管理模式"，在项目立项伊始，就确立了建设项目全生命周期的理念，以专业的管理理念、合理的成本控制、超高的品质要求，携手各方共同推动中国尊的建设，致力于打造一座国际一流品质的超高层建筑精品，在中信大厦项目顺利推进过程中做出不断创新和努力：

中信大厦投资规模大、设计施工周期长，通过管理创新实现了施工许可手续分四段办理，确保中信大厦在2013年7月30日正式开始主体结构施工，比常规报审程序缩短了近17个月，这在北京地区是首创……

采用"设计联合体"的设计总包模式，有效解决了超高层建筑开发建设中普遍存在的初步设计与施工图设计的"鸿沟"，施工图设计与深化设计的"鸿沟"。这两条"鸿沟"的解决，更深入理解设计意图……

全方位全过程应用BIM技术，从建筑信息模型构建、模型应用和模型信息管理三个维度，业主、设计和施工三方全体参与，在设计、施工、运营全过程中应用BIM技术，BIM应用的深度、广度和系统性达到国际领先水平……

在施工中创新采用跃层电梯技术，电梯可到达楼层随土建结构同步爬升，是全球速度最快、行程最大的跃层电梯。该跃层电梯运行速度由普通施工电梯的1米/秒提升至4米/秒，单台跃层电梯的运力是普通施工电梯的4~7倍，其运输效率、安全性、可靠性远高于传统建筑施工电梯，解决了超高层建筑施工的世界难题——垂直运输瓶颈问题……

在全球首次采用临永结合的消防系统，避免了在施工后期进行临时消防系统与正式消防系统切换时易出现的"消防真空期"，正式消防管道和部分设施替代临时消防系统的部分措施，减少了临时消防设施的拆除时间，解决了超高层消防安全问题这个国际性难题……

坚持"成本最低"理念，在设计、施工、运营全过程建立投资管控体系；始终坚持"性能先于品牌、品牌兼顾价格、追求性价比最高"的指导原则，以推进设备及材料的合理选择，保证了高性价比……

强调中信大厦全生命周期的管理。很多建设单位在建设过程中仅仅考虑的是建设期的投资，没有更多地考虑到运维期，但中信和业作为中信大厦的拥有者，要确切落实全生命周期管理，就必须从购地、施工开始就要考虑到100年的运营管理，尤其在建设阶段就在进行着建成之后的运维思考……

　　　　…………

　　建造中信大厦项目的复杂性、艰难性，只用90个月的时间就要打造一个时代超级精品，这犹如建造一艘航空母舰，难度不可想象。建造完成这样一座航空母舰一样的建筑后，谁能驾驭？谁真正懂得它的性能和功能？所以中信和业一边在施工进度上发起"总攻"，一边也在思考，如何驾驭如此体量的大楼？怎么运营才能充分发挥它的性能和效率？

　　所以，从一开始，中信大厦项目中还有一个创新点，那就是施工总包和机电总包的双总包制！机电系统是一座大厦的灵魂，所有的运营都要在机电系统的正常运行之上，而中信大厦这个超级工程，机电系统的重要程度不言而喻。

　　但是，国内超高层建筑的开发建设过程，机电工程往往是制约项目如期竣工的"瓶颈"，并且，如果在施工过程中机电工程不提前介入，许多预留给机电设备的位置将无法确定，造成后期的返工现象。

　　为了避免这种不利的局面在中信大厦发生，中信和业创造性地实施机电总承包管理模式，采取机电总承包与施工总承包平行共同建造中信大厦项目。由以前施工总包和机电施工的上下属关系变成现在施工总包和机电总包的平级关系，两个总包单位先后进入中信大厦，就工程相关问题一起商量、相互配合。

　　中信大厦项目的双总包制，即工程总承包和机电总承包，把机电提到了一个很重要的位置，并能提前介入。传统的施工管理界面划分，业主方专业人员难以配齐，难以对工期、成本、质量实施有效把控；施工总承包协调面过宽、工作量浩大，存在对机电专业深度不足的隐患；机电工程量及难度越来越大，技术要求高的机电专业需求往往被以结构施工速度为主责的施工总包忽视，工期延误风险越来越严重，工程造价不断"膨胀"。

中信大厦暖通经理邢其龙说："正常机电的招标工作比同类建筑早很多，给机电的设计方、设备层的选型都留出了充足的时间和预埋位置。从暖通上可以看出来大量的设备材料都进行过优化。"

中信大厦将施工总承包和机电总承包分别公开招标筛选；电梯、擦窗机供应及安装由业主直接公开招标；施工共享资源由施工总包统一配置，机电总包承担机电专业内外的协调责任，各司其职；发挥双总包各方优势，机电、装饰专业得到应有的重视；各参建专业分包的专业优势容易得到施展。

有参与者感叹："中信大厦项目的施工场地、客观条件及政策环境可谓同类建筑中最'严酷'的。"就是在这些严酷的要求与创新的举措之下，中信大厦项目协调超过200家参建方保持着一致的步调，让开发速度达到国内同类超高层建筑速度的1.4倍。

2011年12月15日，中国尊试桩工程启动。

2013年7月29日，中国尊地下结构工程开工。

2014年9月27日，中国尊核心筒钢结构冲出正负零。

…………

就在中信大厦的外部框架以稳定的速度深掘地下、又探向天空之际，与机电有关的工作也在有条不紊地推进。

2015年4月22日，中建安装作为机电总承包单位与中信和业签订工程合同，成为在北京市住建委备案的第一家机电总承包单位。主要负责大厦给排水、暖通、消防、强电和智能化五方面工程（不含电梯和擦窗机）。中建安装要做的，是为中信大厦这位"巨人"注入高效运转的动力灵魂！

在这个双总包模式下，庞大的工作量被精确地切割成了不同的部分，并在有效的监管下，通过严格的招投标，分配给有能力的单位。各参建专业分包的单位各司其职，各显神通。而想要真正实现中信大厦的雄心远望——打造智慧节能与舒适宜人的现代超高层楼宇，就有一个不能忽视的问题，那就是机电总承包下分量极重的一环：暖通工程。

中信大厦的空气品质可谓是基本要求。按照设计，中信大厦内的空气品质标准将达到发达国家的要求。中信大厦将传统的空调机组设备集成起来，同时增加PM2.5除尘、加湿功能设备，并设置三重过滤，以提高空气过滤效率，使PM2.5过滤效率高达99.8%，确保中信大厦内空气质量指数（AQI）低于50，最大限度地满足大厦的舒适度要求。

在中信大厦，暖通设备设施使用了30余项全球或中国的新技术，如永磁同步变频双工况离心式冷水机组、冰蓄冷系统、低温送风系统、变静压VAV系统、低温大温差空调水系统、变水量智慧阀空调水系统（VWV）、风量平衡一体化送风系统（FASU）、采用叶轮式传感器及可变多孔叶片技术的变风量末端装置、过渡季新风旁通技术等，对运维管理的技术能力要求也随之大幅提高。

要实现这些目标，中信大厦的中央空调系统必须进行一系列设计优化，采用高性能冷水机组结合蓄冰装置，实现大温差输配系统，配备高能效的双工况及基载冷水机组，每年为中信大厦节省大量成本；水泵和风机均采用变频装置，全空气空调机组在过渡季节可实现70%的最大新风比；针对不同区域设置排风热回收装置，从而有效降低运行能耗；采用空气质量智能监控系统，空调通风系统可根据CO、CO_2等浓度进行变风量智能控制，以节省风机能耗；采用第二代变风量末端装置，风压损失小、噪音小，节省风机能耗；采用高压微雾加湿系统，应用先进的电子控制器精确计算加湿量，实现精确调温调湿功能。空调水采用一体化智慧阀，执行器消耗功率低、寿命长，控制方式可选，使系统更节能。

而能源管理系统（BEMS）是把设备监控、设备管理、能耗监测和能源管理的功能组合在一起的系统。BEMS系统可以实时采集设备系统的运行信息与能耗相关的数据，通过分析、控制和管理等手段，优化用能和消除能源浪费，提高运营管理的效率与服务质量。中信大厦采用的该系统可以实现对全楼能耗实施监控，通过运营策略优化提升中信大厦的能源节约率。

中信大厦负责暖通和能源的汪志生说："暖通在中信大厦的开发过程中是全生命周期的管理模式，无论前期的设计、设备采购，还是施工和后期的调试始终贯彻节能的思想。在运维上，主要是能源管理系统。现在普通的办公楼，说是做能源管理，但是真正做好的不多。比如知道这栋楼消耗了多少电，但并不知道消耗这么多电合不合理。中国尊的能源管理系统能告诉你，哪些异常需要调节，需要做哪些措施，会给出一个方案。有节能分析的功能，相当于闭环的过程，发现问题告诉你怎么解决。"

采用几十项新技术的暖通系统，空气质量达到发达国家水平的空调系统，拷问人心的老问题又来了：这么复杂的暖通系统，中信大厦应该采用怎么样的控制系统呢？

中信和业原总经理王伍仁，这位被业界尊为"中国超高层之父"的行业元老，此刻也在思考着同样的问题。王伍仁，教授级高级工程师，资深英国皇家特许建造师，自20世纪80年代起经历了中国第一批海外大型及特大型工程总承包的历练；曾组织中建总公司优势资源成功竞标多项举世瞩目的重大工程；曾亲自担纲中国第一高楼——上海环球金融中心总承包联合体项目总经理，全过程领导了该摩天大厦的建造，42个月"交钥匙"的建造速度刷新了世界超高层建造速度纪录，优质、高速、低成本且无重大事故的建造过程向业界展示了当今中国超高层建造总承包管理的能力和水准。

这样一位战功赫赫经验丰富的超高层建设者，关于中国楼宇自控的现状，王伍仁总经理非常清楚。其实在他主持施工的上海环球金融中心同样是采用DDC控制器控制整个空调系统的，这套系统别的且不说，但绝对谈不上优秀，这对于追求完美的王伍仁总经理来说始终是一个遗憾。

究竟用什么样的系统对中信大厦的楼宇进行自动控制呢？

十三

"源牌自控"，对中信大厦空调系统负总责

就在中信大厦的外部框架以稳定的速度深掘地下、又探向天空之际，与机电有关的工作也在有条不紊地推进。业内人深知，要让楼宇真正变成舒适又节能的智慧生态，一个靠谱且智能的暖通控制系统，就是关键之一。

因此，中信大厦的业主也面临着一个熟悉的问题：这个控制着能耗巨头的智能系统，究竟是该用PLC，还是DDC呢？

一切用实力说话。为此，他们开展了一场针对中信大厦暖通系统的深化设计技术竞赛。与普通招标不一样的是，这次深化设计竞赛不仅是想要确定一个具体的方案或是一个产品。它的目的，是通过较全面的考验，准确地考察各公司的设计水平和综合实力，从而选出一个实力突出的系统集成商。跟珠江城业主相似的是，中信和业也给了PLC和DDC同样的机会。

2014年8月底，源牌接到了这个任务，开始了深化设计的工作。源牌的主要任务有两项：一个是设计图纸的呈现，一个是配合设计院落实深化设计。

当时同时参与竞赛的单位还有好几家，源牌在其中显得有些不同。究其原因，是因为源牌从自控理念到所启用的产品，都与其他竞赛单位差别很大。当其他几家单位还在沿用传统的DDC产品，源牌就把PLC大胆地写进了深化设计方案。结果显而易见，针对中信大厦巨大的体量，以PLC为控制器的整个控制系统是最优的。这种领先的优势，也让源牌在整个竞赛的评选中，位列第一。

与此同时，中信大厦的外围建设也在有条不紊地进行，楼体如一棵生机勃勃的新竹，节节攀高。对于愈发宏伟博大的中信大厦来说，经过设计竞赛，PLC与DDC之争，其答案已是不言而喻。大厦的控制点总体量已经来到了惊人的10万级，没有什么现成的DDC能够在有限的编程空间施展身手；与之对比，能编写更多复杂逻辑、能呈现更多控制策略的PLC自然不存在任何能力上限的问题。无法实现复杂的控制策略是一个原因，速度太慢则是放弃DDC的另外一个原因。难以想象的是，在当今网络飞速发展的情况下，DDC的内部通信速度居然只有70KB，与此同时PLC的带宽却达到了100MB，甚至1000MB，是DDC的千倍之多。

想象一下，如果管理者要在界面上调回一个数据，用PLC只需要1～2秒——就像源牌在杭州平安金融中心所实现的秒级突破那样，而DDC却需要五六分钟、甚至几个小时。这就是PLC为工业而生的天然优势。工业上要追求同步性，就必然对精度和速度提出高要求。PLC的飞速，肉眼难及，CPU发射的指令和动作的执行几乎是同步的，而DDC的物理条件决定了它永远没有这样的可能。

如此一来，要在两者之间二选一，业主还会有犹豫么？

在全面比较PLC与DDC楼控的各自优劣后，中信和业确定选择PLC来设计中信大厦的控制系统。

把PLC和DDC做楼宇控制的优劣做了比较后，用PLC做控制系统正式确定下来。但用什么样的PLC来做，也就是用哪个品牌的PLC来做，还要再做论证，再对比。

是选西门子、施耐德还是GE，还要对这三个品牌做一个比较，来一场竞赛。2015年9月，源牌还是采用最亲密的合作伙伴——在西门子PLC的平台上参与竞赛，参与到这一场角逐中。源牌首先对中信大厦的控制系统做了全盘的梳理，梳理后发现，整个控制量比珠江城多了将近1倍；有了在珠江城、在深圳能源大厦、在上海白玉兰的诸多实战经验，源牌此次是信心满满的，万丈高楼平地起，在这么高端的超高层里面，对西门子PLC的可靠性和高速度，源牌充满信心。

对于PLC的优异表现，负责暖通等相关业务的中信方专业人士或许不会感到意外。早在2014年7月，珠江城大厦的总工胡百驹从广州应邀前往北京参加了一场会议。在万达广场10号楼的27层大会议室，以珠江城为例，围绕大楼暖通系统的方方面面进行了研讨，内容涉及冰蓄冷系统工程技术应用、VAV（变风量）空调系统整体化解决方案以及低温风口技术等核心问题。

会议中，胡百驹分享了珠江城的建设及交付后的使用情况。对他来说，推广中国自己的楼控品牌，是他热切的呼唤，因此他乐于用亲身经验去分享基于PLC楼控系统的好。

就会议讨论的成果，中信和业决定充分借鉴珠江城项目空调设备和控制系统紧密结合的成功经验，并要求机电管理部立即组织对珠江城等成功项目的考察。

从开发建设伊始，业主就明确了中信大厦对标全球一流超高层建筑的目标。为此，早在2010年10月，中信和业便确定了一个"先考察后定型"的原则，又考虑到建设工期长，若全倚仗开建前的考察数据，则恐大厦落成之日难称先进。这种思虑变成了两条战略，即坚持"走出去"与"动态对标"。在这两点的指导下，中信和业对许多国内外知名超高层项目都进行了全面的实地调研。这一对标考察的思路，贯穿了整个中信大厦建设的全过程、各方面。

其中，也包括了暖通系统。通过考察，他们发现源牌关于PLC的应用，早已在广州大学城区域能源站和珠江城两个大规模的项目使用中，证明了自己。其中与中信大厦情况类似的珠江城，更是吸引了业主的眼光。它高立宏伟，它智慧先进，最重要的是珠江城的楼控系统正如预期设计，兑现着高品质空气和节能目标的实现。对中信大厦的业主们来说，珠江城是具有重点参考意义的对象。

珠江城项目成功采用PLC对超高层进行控制，实现了各项既定目标，他们其实在珠江城身上已经看到了效果。

经过一个月的论证，在行业里请了知名的专家做评委，几家单位去"考试"，通过考试评比下来，源牌是最优的，西门子PLC从系统的架构、可靠性、网络的应用方面都显示最优。

2015年10月21日，中信大厦项目完成了低区暖通子项、高区暖通子项、冷源子项、暖通设备监控子项和智能化子项的专业分包承包合同的签订。

也就是说，在2015年10月21日这一天，农历九月初九，恰逢中华民族传统佳节重阳节，源牌集团成功签约北京新地标——中信大厦项目的中央空调及楼宇自控系统总承包合同。这意味着，这座北京未来的新高度、新地标，将全面采用民族自主品牌——"源牌自控"的冰蓄冷变风量低温送风空调与建筑能源环境协同控制技术。源牌在中信大厦担任着好比人体心脏的冰蓄冷能源站系统，相当于调节人体温度的毛细血管和皮肤的变风量空调系统，以及堪比人体呼吸系统的新风系统等技术重任。

"源牌自控"的竞争伙伴多数是世界500强，与他们同台竞争是源牌的梦想，通过一系列的角逐，现在轮到北京的未来旗舰——中信大厦了。

所肩负责任之重，意味着源牌不可有一丝一毫的将就，必须全力以赴交出无懈可击的方案，才能匹配同样绝不妥协的中信大厦项目。数年不懈的自我磨砺，等来这花开之刻。依托丰富的项目经验与技术积累，秉承着国产自控的初心与毅力，源牌有信心在这个意义非凡的项目上，做出非凡的成绩。

这次难得的中标，还有一个不同寻常之处。这次，源牌还获得了一个不常有的身份，就是对中信大厦项目的中央空调、暖通工程（低区及高区）和冰蓄冷及暖通设备监控工程负总责。

这个身份乍看有些复杂，但其实有不同以往项目的含义。

中信大厦冷源系统的毛福民说："刚开始决定采用PLC争议还是很大，后来在评审之后感觉PLC的效果还是不错，主要是为了运营以后的全生命周期管理，对于以后的系统升级和维修都很有好处。源牌做冷源系统的专业分包，也就是技术总负责。负责电、控制、水系统等，也管深化设计、选型、施工和以后的调试。"

机电项目的总承包人，是中建安装。作为施工单位，中建安装负责给排水工程、建筑电气工程、变配电工程以及暖通工程的施工。与前三项不同的是，暖通本身是一个专业性极强的大工程，这么大体量的工程，一旦落实设计的施工中出现一些问题，或大或小，返工也好、补救也好，都会付出巨额的代价。为了项目的顺利推进，中信大厦业主们一致认为，需要有精通暖通工艺、具备相关科研能力的可靠企业对整个暖通项目进行把关，而源牌，就是这根强有力的定心柱。因此，源牌既作为冰蓄冷项目和自控的分包人而存在，也作为暖通技术的总负责人而存在，它所需要做的，是对技术方面的督导管理，是提纲挈领、总握全局，是协同暖通等相关工作的具体开展。

可以说，源牌实际上就是整个暖通子项目施工中的实际顾问。除开源牌，还有几家单位分别负责施工，一个是中建一局，负责高区暖通空调设备的安装（86层到108层）；一个是中建安装，负责中区暖通空调设备的安装（17层到85层）；还有一个是中建三局，负责低区的设备安装（B7层到16层）。而在B7层，则是源牌自己的冰蓄冷子项与暖通监控子项。这五个子项目中，前三者负责的是施工问题，而源牌的两项则是技术问题。

所以，源牌在中信大厦的重要职责，从技术层面讲，是用PLC对楼宇进行控制；从管理层面，是技术总负责和调试牵头人。

合同签完以后，源牌进场，首先履行的是技术总负责的角色。在明确了自己的身份定位后，源牌立刻着手开始自己的工作。在这一工作范围内，源牌完全发挥了自己的作用，第一大要务就是复核工作。提出问题，进行协商，然后落实处理。

　　实际上，就中信大厦项目本身，设计院已经做了大量的工作。光是对无数设备参数的逐一核算这一项，就有着巨大的工作量。那么复核是不是一次重复的无用功呢？不是。从源牌的角度，必须重新对暖通进行复核，对设备的参数逐一进行核算，确保系统在容量和选型上都是正确的。"这个复核工作，主要对设计院设计的设备参数的准确性进行计算，确保从设计上来说我们这个系统是没问题的。"林拥军说。只有梳理了系统和参数两大方面，源牌才能更好判断暖通工艺系统的准确性。可以说，这是源牌开始正式工作前的一个基础准备。

　　首先要复核的方向，是对运行负荷进行整体的把控。他们把中信大厦作为一个有机整体，以此来决定整个项目制冷系统的蓄冰量和制冷量。如果连这两个制冷的基础参数都确定不下来，或者不匹配这座大楼，那么随后整个暖通系统都有错位的风险。只有前提确凿无误，才能建立起后续的完整系统链，才能决定制冷主机的功率大小，才能选定冷却塔、水泵等一系列的尺寸。如果在这里出现了一丝一毫的偏差，就可能汇聚成后期十分棘手的毛病。比如，复核制冷机房主机的制冷量。最后，中信大厦总制冷负荷确定为38550kW，建筑面积冷负荷指标为88.2W/㎡，比国内其他超高层102.7W/㎡的冷负荷指标平均值降低14.2%。

　　另一个复核的关键，是计算系统容量与选型的准确性问题。选型内容也分为两部分，一个是对暖通设备的选型，另一个则是对自控设备的选型。暖通设备的选型是根本，暖通设备选型如果不正确的话，那我们根本无从对暖通系统进行控制。内容包括AHU的容量、VAV BOX和风机盘管的选型，也包括末端设备风口、各朝向风机盘管的容量等诸多末端设备、板式换热器等。专业分包按照业主的要求推荐几个品牌，源牌针对这些品牌的型号，对相关设备参数进行复核，看它们是否与设计参数相符合。

选型工作必须满足两个要求，一个是复核设计院的参数要求，一个是切合源牌深化设计的调整需要，两者是相互依存不可分割的关系。可以说，设计和选型是成败的关键，绝不能出错，一旦出错，整个暖通系统变成了无根之木，任你再添花织锦，也只是无用功。

从2015年中标以来到2016年，彼时源牌刚刚进场中信大厦，实际负责的施工量并不多，这一年多中源牌最主要的工作，就是对设计参数的复核和满足深化设计的要求，然后对设备进行选型。这三方面是相互联系的，对参数的复核和满足深化设计的要求都是为了能更好地对设备进行选型，选型确定以后，型号参数都有了，反过来影响深化设计，使深化设计更完整体现。

这个过程，其实就是把原来的技术方案转换成每一个品牌型号，通过品牌的落实，让设计落地。因为中信大厦不同于别的项目，它自有一套管理的办法。在招标中，它前期没有涉及品牌，而是根据重要级将品牌设备分成了A、B、C三类，其中最为要紧的A类品牌报审一定要经过专家论证会。源牌所负责的暖通控制方面所涉及的设备，如PLC控制器这种从冷源、送冷系统到用冷系统都不可或缺的设备，就属于A类。出于源牌的认真和专业，他们会将品牌按排名呈现给业主方，而所推荐的第一名，一般来说都会被业主所采纳。

在艰辛的复核作业中，除了达到系统和参数的梳理目的外，源牌还发现了一些疑点与问题。

比如，源牌发现AHU-Z1-10-1系统AHU机外余压选型偏小，向业主做出了增大机组余压的建议，以保证空调系统成功运行。又比如，源牌发现10楼、11楼、24楼、38楼部分外区风机盘管夏季供冷量偏小，而Z1、Z2、Z3楼段存在风机盘管冷量偏小的现象。在把建议进行详细核算、优化风机盘管选型的相关内容提交给设计院和中信业主方面后，经过专业人士的重新核对与分析，这些复核工作成果得到了认可。这样的问题汇报与建议，还有不少。一丝一缕虽看似小节，水滴毕竟能穿石。

把最基本的问题解决掉，这是暖通系统成败的关键，即设计和设备选型不能出错。这两项一完成，接下来的工作，其实就是锦上添花的事情了，就是去选择更好的产品。对关键设备做一些优化，电动阀门就是一例，将普通的电动阀门优化为压力无关型的动态平衡调节法；对PLC的选型等，这些都是锦上添花的内容，确保设计上更完美。

在埋头整理收纳完这繁重复杂、眼花缭乱的数据后，此刻与中信大厦暖通相关的一切实际情况全都了然于心。这些前置任务为源牌以后的工作夯实了基础，也免去了根基不稳的后顾之忧。

不过这场意义重大的马拉松，源牌行道未半。

在同等品质下，优先选择民族品牌，这是业主定下的大基调。在这种基调下，一大批自主民族品牌走进了中信大厦的世界，为中信大厦的完美呈现添砖加瓦，其中就包括了源牌十年磨一剑的产品——纳米导热复合蓄冰盘管。

 十四

同等品质下，优先选择自主民族品牌

　　要成功构建北京第一高楼——中信大厦的秘诀，一字可谓之曰"选"。从外结构的钢板到锚栓，从幕墙的玻璃到铝材装饰条，从冷源的水泵到房间的风阀，优中择优，秀里撷秀，就是中信大厦的建设标杆。

　　中信大厦的暖通工程，可分为制冷、送冷、用冷三个环节。实现三位一体化，按需供冷，以最低能耗满足舒适性要求，实现自动调节温湿度功能，这就是中信大厦空调系统的目标。

　　要达成这一目标，中信大厦空调系统冷源采用制冷主机上游+蓄冰槽下游串联内融冰形式的冰蓄冷系统，空调热源由市政热网提供。空调末端系统主要有循环通风空调系统、区域变风量系统、普通全空气系统、风机盘管+新风系统、排风余热回收系统、多联机空调系统、地板辐射采暖系统等空调系统；地上标准办公层、会议室、餐厅的幕墙周边区为风机盘管空调系统，内区为带末端装置的变风量空调系统。

　　为了100%实现设计预期，相关设备选型始终坚持"产品性能优先品牌、品牌兼顾价格、寻求高性价比"的原则，通过对设备各性能参数及运行情况的对比分析，通过专家论证、权威机构检测等方式充分论证，以事实为依据，选出了一系列符合需求的最优设备产品。为了给机电的设计方留出充足的时间，中信大厦的招标时间比同类建筑早了许多。

　　2014年11月3日，一个参与人数不算多的会议在中信小会议室举行。在修订了一系列关于审核要求与细则、落实了相关暖通与冰蓄冷规格书会议纪要后，中信和业做出了一条关乎源牌的决定：同意将杭州源

牌作为冰蓄冷子项工程预选入围单位。这是对源牌的阶段性肯定。中信和业这个铿锵的共识：在同等品质下，优先采用国产品牌，用胸怀和胆识对我们的民族品牌敞开了怀抱。

中信大厦的品牌选定，还有几大原则，第一是要有超高层的业绩，第二是国内或国际上是前三的品牌。源牌的蓄冰盘管在市场的占有率和业绩都排在了绝对的第一位，产品的品质和在中信大厦的适用性等各方面都是非常好的。

在无比关键的冰蓄冷系统环节，源牌的纳米导热复合蓄冰盘管，结合"源牌自控"技术，形成了以降低建筑能源需求、利用可再生能源与合理蓄能以及构建智慧低碳能源网络的源牌低碳能源技术路线。

纳米导热复合蓄冰盘管，是源牌自研的秘密武器，也是源牌十年磨一剑的其中"一剑"。30年来，源牌每十年就磨一剑，蓄能技术这一"剑"源牌研发了十年，变风量空调这一"剑"源牌同样走了十年。截至今日，源牌的纳米导热复合蓄冰盘管在国内外参与建设了数百座现代楼宇。但是，他们引以为傲的蓄冰盘管技术全面应用于首都新地标的中信大厦这样重量级项目，还是第一次。如果源牌的产品能够在这里取得成功，无疑会极大提高中国自主知识产权冰蓄冷技术的全球知名度，对源牌自己、对国产自主品牌，都具有重要的现实意义。

那么，源牌的蓄冰盘管，到底有什么好，能打动中信大厦的"心"？

要明确纳米级复合材料蓄冰盘管的优势，首先就要明白蓄冰盘管的用途，即变水为冰。这个用途在冷源系统中所发挥的节能作用，就是所谓的"移峰填谷"。顾名思义，这个节能的法子就是利用夜间电网的低谷电力全力地、大量地制冷，将电能以冰的形态存续起来；而到了白天的用电高峰时，尽量不用开启制冷主机，而是用融冰的方式将夜间的制冷成果释放出来，缓解了高峰用电压力，为电网实现移峰填谷，提高电力系统运行效率，用户节省电费。因为这个办法利用冰作为载体，延时错位地将峰值的重负搬到了低谷，故又被形象地称为"移峰填谷"。我们都知道，交流电是无法储存的，因此这个办法不仅仅造福了本单位，还提高了电厂的一次能源利用效率，创造了良好的社会经济效益。

蓄冰装置是冰蓄冷空调系统的核心产品，源牌的带头人叶水泉董事长，这位科技型的领导在20多年前就被冰蓄冷的魔力深深吸引，他很清楚，影响其使用效果、决定其节能能力的，正是蓄冰盘管。

这个蓄冰盘管，它其实就是一组组的盘管式热交换器。其工作原理简单地说，就是蓄冰装置内部是个注满了水的大水槽，盘管式换热器浸泡其中。蓄冰时低温的载冷剂在盘管内不断循环，使管外的水逐渐冻结成冰，由此储存大量的冷能量。需要供冷时，空调水进入这些盘管里，使水槽内的冰融化，空调水的温度由此降低，经过送风管送到各个房间，便获得了降低室温的效果。可见，在蓄冰空调中，盘管的重要性无可比拟。

早在几十年前，对这一重要换热设备，美国的生产厂家就已经有了蓄冰盘管。根据盘管的材质分为蓄冰钢盘管和蓄冰塑料盘管。但源牌发现，其实这两种盘管都存在缺陷。

拿蓄冰钢盘管来说，优点是钢的导热性能好，可以设计成不完全冻结方式，从而获得较好的融冰性能；缺点是钢材的耐腐蚀性差，水和乙二醇均对碳钢管有一定的腐蚀性，由于锌与乙二醇有化学反应，因此内壁不能镀锌，外壁镀锌层可以有一定防腐能力，但是不能杜绝腐蚀。外融冰盘管需要通过鼓气装置增加水体的扰动，水槽内含氧量高，钢盘管更易被腐蚀，表现为钢盘管使用寿命短。从运营维护及使用寿命方面，碳钢材料硬度高，管壁薄，若过量结冰，容易涨破管材，维修非常困难。为了减少不冻液的腐蚀性，钢制蓄冰盘管厂家通常要求用户采用进口工业抑制性乙二醇，并且对水质有严格要求，定期检测加药，运行维护成本高。一般设计使用寿命10年左右。

钢盘管这么多的弊端，优点也不是没有，钢制盘管的导热系数高，但问题是，整个结冰过程的主要热阻来自冰，钢制盘管导热系数高的作用并不能发挥出来，不能显著提升综合换热性能。再加上一个缺点，自身重量太重，安装起来不方便。

好了，钢盘管不行，美国就生产塑料盘管。塑料盘管耐腐蚀，但导热系数低［通常为 $0.1 \sim 0.3 \mathrm{W/}（\mathrm{m \cdot K}）$］，只有冰的1/20，低的导热能力限制了其作为导热材料的应用。制冰时制冷主机效率降低，能耗增大。融冰时无法保证稳定的出水温度。不能应用于外融冰系统。

"我们反复比较了这两种材质的盘管，发现钢质盘管的导热系数过大，一旦表面结冰，冷热量的传递容易被冰挡住，即它的热阻是在冰上，而塑料盘管的热阻则在塑料材质上。其实早在1995年我就异想天开，有没有一种新材质，导热系数接近于冰，而又能像塑料那样耐腐蚀、重量轻、维修方便？"叶水泉说，正是循着这一思路，当时的研究团队一直在寻找理想的盘管材质。

科研型的团队就是这样，一旦定下了目标，他们离成功也就不远。由此，石墨进入了源牌的视线。石墨的导热系数比钢质好，其基材又采用了PE，这种材质其实是把钢管的优点和塑料管的优点结合了，2000年，一种新的盘管材质——纳米导热复合材料诞生，也就是这个十年磨一剑的产品——纳米导热复合盘管诞生。

与传统的钢制盘管相比，纳米导热复合盘管在相同体积下，拥有更大的换热面积，结冰厚度薄，制冰结束温度高，主机效率高。单根管的冰体积虽小，但胜在数量多，与冷冻水的总接触面积大，融冰速度快，出水温度低，可低至1℃。

纳米导热复合盘管不仅在性能上具备优势，在安全性上也领先于传统产品。蓄冰盘管的制冷原理需要利用乙二醇和水，但这两种工作溶液都对碳钢管有较强的腐蚀性，且外融冰盘管需要通过鼓气装置增加水体的扰动，水槽内含氧量高，钢盘管更易被腐蚀，一旦乙二醇漏液渗入水中，则蓄冰盘管就无法完成结冰任务，相当于报废。为了抵抗这种腐蚀，增加使用寿命，钢盘管的乙二醇溶液常常选用的是工业抑制性乙二醇溶液，不仅价格相对较高，还会连带对水质有高要求，维护成本不小。不仅如此，碳钢材料的硬度决定了它的延展性不佳，若过量结冰，容易涨破，维修相对困难。

而源牌的纳米导热蓄冰盘管，由于其复合材料具有耐腐蚀的特性，既可以选用普通乙二醇溶液省钱，也因没有腐蚀之忧而省事。更低的安装与运行成本，却可换来两倍于普通钢盘管的寿命。

2004年，纳米导热复合盘管蓄冰装置通过省级鉴定。2005年9月，经国家建设部组织多位国内最知名的专家评审，源牌纳米导热复合盘管系统成熟可靠，达到国际先进水平。2014年，基于纳米导热复合盘管的外融冰蓄冰装置获得国家创新基金科研支持，并且顺利完成验收……

源牌导热蓄冰盘管多年来获得11项荣誉，其优良的导热性能、优异的力学性能、良好的可焊接性，也荣获国家发明专利。可以说，源牌的纳米导热蓄冰盘管，将中信大厦的冰蓄冷系统，推上了另一个高度。

在中信大厦的设计中，选用源牌复合盘管蓄冰装置ITSI–313共115台，总蓄冰量也达到了35032RTh，与蓄冰盘管相关的蓄冰量占到了全天空调冷源设计负荷比例的30%，完全满足甲方要求。

不过，纳米导热蓄冰盘管的贡献可不止如此。中信大厦暖通工程施工还有一个难题，就是这座庞然大物预留给暖通工程的面积，其实并不是那么充裕。要怎么样把能够制造足够冷量的设备塞进局促的机房内，对相关单位都提出了不小的挑战。

因此许多时候，设备安装位置甚至有几分死抠空间的味道。比如冷却塔的安放位置在5楼设备层，因其半封闭结构，相比常规的室外环境散热条件较差。与相邻建筑距离较近，对噪音要求较高。幸好所选的冷却塔具有横出风、可重叠、低噪音、大风量和效率高等特点，正好化解了项目的难处。这也彰显了一个道理：合格的设备选型，必然要符合布局的适配性。

但中信大厦项目所在地段实在寸土寸金，规划之初就没有空间为它设计裙楼等附属建筑，而这些副楼，往往正该是机房所在。地上没空了，只有向地下延伸。

中信大厦的制冷机房深居地下43米，有东西两个机房，它们也是全国标高最低的机房。为了兼顾大楼的结构稳定性和节能性，大楼大底板呈现中间厚、两侧薄的阶梯形状。受此影响，建于大底板之上的冰蓄冷机房也变得不规则起来，根据其变化的净高可分为三个部分，分别是2.1米、4.1米和6.1米。与此同时，冷水机组和板式换热器等设备高度却在3米左右，而冰蓄冷系统主管直径接近甚至超过1米，蓄冰槽的外形又极不规则，所以只有层高6.1米的部分能够满足机房布置需求，这一来，机房有效面积便立刻减少近三分之一。因此，虽然冰蓄冷系统机房总面积多达6000多平方米，但便于施展的部分却不多，空间利用极为紧张，盘管布置困难重重。

为了解决这个问题，一方面中信起用了BIM，即全称是建筑信息模型（Building Information Modeling）的技术，通过对建筑进行三维建模以达到辅助设计的作用。中信业主对它的期望是，能够持续服务整个生命周期，并借以实现在工程数字化管理上的突破。为此，技术人员搭建了完整的BIM模型及数据库。精准的数据与直观的三维建模，是机房难题完美解决的条件之一。

但对于源牌来说，问题解决离不开更高效更先进的纳米蓄冰盘管对整个系统的助益，这也是源牌长久的技术积累。

如果要满足机房苛刻的环境条件，就必须用到非标准化的解决方案。其实选取多型号盘管拼凑，勉强塞进空间，也不是不可能的事。但这样就会面对一个非常棘手的问题，就是不一致的阻力对水力平衡造成的恶劣影响。源牌借助自己对蓄冰盘管的研究成果，通过模块化单个、双拼和三拼组合的搭配模式，双层叠放，让各型号阻力保持同步。在满足蓄冰量要求的前提下，完美解决了空间布置问题，让设备们杂而不乱地挤进了逼仄空间。林拥军在介绍源牌蓄冰盘管的优势时，曾说到四点，分别是耐腐蚀、寿命长、施工简单和总重量轻。可以说，如果起用的不是源牌的纳米复合蓄冰盘管，可能很难满足中信大厦35000冷吨的要求。

现在，这里有序地排列着复杂的机器，火热朝天又不为人知地运转输出着整栋大楼所需要的能量。共有8台不同分工的冷水机组与冰蓄冷串联，总蓄冷量123000千瓦·时，蓄冷完成温度-5.6℃，融冰供冷温度为3℃。每天，这个国内最深制冷机房的工作成效，源源不断地运转大厦全身，经过层层接力，无数的冷水有条不紊运送至北京之巅，保证每一条"毛细血管"的正常运行。

除了源牌的蓄冰盘管，还有诸多国产品牌交出了让人信服的答卷，在一场场公平竞赛中获得入场北京第一高楼的资格。比如格力的永磁同步变频双工况冰蓄冷离心机组。在这次的中信大厦的招投标19项指标的全方位对比中，有13项主要性能指标最优。

2017年5月25日，1650冷吨的格力永磁同步变频双工况冰蓄冷离心机组首吊仪式成功举行。对中信大厦，特别是暖通工程相关施工单位来说，这是一个重大的日子。这是全球首次将永磁同步变频技术应用于冰蓄冷双工况离心机组。从此，中信大厦有了一颗强劲的中国心，为这座巨幅生态长卷泵出无限生命力。

首吊仪式结束后，各方代表一同前往地下7层冰蓄冷机房参观。这座深藏地下的机房，是全国最低。但就是在这里，将来会有无数冷却水辗转输送至北京最高楼顶；就是在这里，冷水机组日夜不停地运作；就是在这里，制冰蓄冷，为高峰的到来时刻做好准备。就是从这里开始，让中信大厦的经济效益、节能效益、社会效益均达到国际领先水平。

与格力心有戚戚的叶水泉也目睹了这一切，他在这一刻也感慨万分，他在致辞中仿佛也在说着"源牌自控"的命运："今天是中国制冷空调行业值得纪念的一天，格力智造中信大厦特大型双工况蓄冰冷水机组现场交付吊装仪式隆重举行，我作为中国冰蓄冷空调事业发展见证人由衷高兴，它缔造了中国制冷空调工业新的里程碑，打破了国外企业长期垄断中国市场的基本现状。是继源牌完成蓄冰装置、自动控制后的冰蓄冷空调系统又一核心设备的国产化。至此，冰蓄冷中央空调三大核心产品和技术全部实现国产化，中国人自主知识产权的冰蓄冷空调体系完全建立。中信大厦敢于担当，首选格力冷水机组，为中国高端楼宇中央空调国产化做出了巨大贡献。感恩中信集团，感恩期遇祖国的伟大时代！衷心感谢全体支持国产技术、产品和装备的中国人！"

　　每一个艰难起步、发展，并逐渐可以与外国成熟企业角力的中国品牌，可能都品尝过同样的甘苦。许多时候，囿于偏见，大家更愿意相信外国品牌的实力，却不愿给全力发展的国产品牌一个机会，许多人都不理解，放着好好的外国牌子不去用，为什么非要用本国品牌？这种不理解是一种恶性的慢循环，渐渐消磨了许多有志之士的斗志。在这个大发展的环境下，传统产业的创新本身就是一个漫长的积累过程，研发工作更需要沉下心来，沉得住气才能有所收获。格力冷水机组如此，"源牌自控"同样如此。

　　我们大费笔墨书写了格力的故事，其实是想说，源牌也好，格力也好，当他们切实具备了自己的科技实力，不仅对于国内来说是填补了空白，在国际激烈的竞争之中也用这些令普通人摸不着头脑的先进技术，捍卫着属于我们自己的主动权与主导权。

　　同时，我们也要感谢不畏人言、实事求是的中信业主。是他们在同等品质下，对国产品牌敞开怀抱，才让许多有实力的民族品牌获得了机会，堂堂正正赢下比赛。

　　不需要额外的民族情结照顾，完完全全属于中国的民族品牌们无惧正面应对，无惧正面与那些老牌的、历史厚重的、横跨多国的公司们竞争。这，就是中国人的自信与勇敢。

 十五

施工督导与控制策略，力求尽善尽美

变风量系统要成功，必须把握住几个环节，第一，设计选型，第二，施工督导和控制策略，第三，调试。一定要对这三个环节严格把控，任何一个环节把握得不到位，都会对最后的调试产生不利的影响。

设备的选型我们完成了，接下来，自然就是施工督导和控制策略的编写了。

施工阶段源牌作为牵头方，要做技术上的督导和管理，专门有施工督导组对机电所安装的设备和对每一设备安装的技术要求进行把关。目的是想让施工质量达到设计的要求，为后一阶段自控的运行打下基础，确保源牌能够正确计量，减小系统阻力，确保系统节能。

如果施工质量不合格或者安装不规范的话，对后面自控的调试和运行都有很大的影响，所以有专人对暖通施工查看和做技术方面的比对。因为末端设备太多，有可能安错位置，一些设备的接管方式等，他们每安装一个楼层，源牌都要专门复查一遍。这份工作对于项目的意义非常重要，可以说它就像一道保险，确保系统能达到设计目的，能在未来稳定持续运行。

但是中信大厦的各项设备实在是太多了，每一根管道接连、每一个部件位置都有可能出错，要想确保无纰漏，对每一过程的细节把关，也即现场督导施工就显得非常重要。实际上，源牌确实是这样做的。

当然，谨慎的业主单位可不会让施工队从一楼开始做起、一路延展到北京之巅。为了最大程度保证施工的质量，样板先行是他们的法宝，

把中信大厦的10层与11层作为样板层，所有的技术要求和安装规范都在这两个样板层体现出来，通过检验后再以此为标准推广到整栋各楼层。这就是样板引路，中信大厦减少重复施工的重要手段之一。

作为施工督导的源牌，首先要在样板层检验每一项施工技术，检查每一台设备，从传感器、风阀等执行器，到风口位置、布线走管与空调机组安装等大小问题，事无巨细，丝毫不漏。施工督导工作全在这些细节之上，源牌的负责没有被辜负，他们确实找出了不少问题。比如VAV BOX，整个暖通控制系统的重中之重，它的检查工作就必须要非常细致。其中，就有许多被源牌发现有问题的地方，这些问题都在后期反复推敲中得到了改良。

比如传感器的安装，就出现了不可忽视的问题。精准的传感器，可以说是合格的暖通自控的关键之一，这个体积上不甚起眼的部件，要依靠它测试许多重要的环境参数，这些参数，是整个系统智能运行赖以依存的基础。因此，它遍布全楼，每层楼空调机房的传感器大概有30个，外区风机盘管和VAV的传感器则在80个左右。传感器既存在于空调机组之中，也存在于末端，后者安装相对困难一些。源牌在多次测试中发现，传感器在末端的温度数值测试并不十分准确。

对于所选用传感器敏感度来说，这种较大的偏差异常得让人不解。后来，他们发现，是因为安装位置让它产生了这种误差。原本传感器的位置，是在灯盘之上。这里有一个小孔，传感器的探头就是从这里感应温度。众所周知，灯管在照明之时会产生不能忽视的热量，这些热量的影响范围虽然非常狭小，却足以影响近在咫尺的传感器精度。于是，他们专门为确定最佳的安放位置做了严谨的方案检测，最终把传感器的安装位置移到了回风口的过滤网之上。虽然在物理意义上，这个结果只是挪动了微不足道的距离，但却是经过了不少功夫才得出的结论。为了这个结论，源牌还专门将传感器拿到了空调所做了一系列实验。根据空调所的数据报告，经过比对，确定其处于回风口位置时，测试的是室内回风温度，感应精度不会再受到灯具照射的影响，此事才算完结。虽然此时再做回想，过程看似理所当然，在当时却着实花了不少时间与心力。

那么更显眼的设备，是不是就没有那么多可调整的问题了呢？

也不是。比如在用冷环节中发挥着重要作用的风机盘管，窗边风盘风口的安装位置、风口的朝向，也是通过实验室模拟决定风口朝向的位置，这看似简单，但非常重要，很多公司都做不了，这些都是源牌在施工过程中的技术督导。

此外，遍布大厦全身的管道也是问题大头。如入口端直管的管径，要达到3～5倍管径的要求，管道安装的急转弯问题的处理；安装过程中管道漏风率的检查。在检查过程中，发现VAV直管段没有满足3～5倍的管径要求，及时进行了整改，这些细节，都各自煞费了源牌工程师们的一番苦心。

可能有人会觉得奇怪，中信大厦的设备的质量都是百里挑一的，怎么安装起来有这么多事儿？一方面，是暖通的高技术门槛对施工提出了严峻挑战。另一方面，是因为可用和更好用之间往往存在长长的中间地带，对于源牌这个技术督导来说，要尽心尽职完成自己的任务，真正做到业主所期待的技术牵头方，就不能只局限在自己小小的分包领域。在设计阶段的复核，在施工阶段的指导与把关，都是为了把成品质量向完美无限延伸。凡事力求尽善尽美，这是源牌人的信念。

整个2016年，在反复推敲之中，包括施工方案在内的许多东西都在不断进行着调整，只是为了确保日后其他楼层施工中绝对不会犯下同样的错误。

他们在样板层死磕过很多细节，对于每一细节，项目总工罗建楠都记忆犹新，比如暖通风机盘管控制管线的走线方式调整。最开始，他们的设想是控制管线从吊顶接近位置之后再沿幕墙拼缝向下走管，这样的好处是美观直接，但到了现场一看，他们发现这个设想并不是太好实现。经过重新考虑，他们又提出了另一个设想，能不能沿幕墙立面敷设管线呢？经过内部沟通，有人提出了新的疑虑，那就是这样做可能会影响幕墙密封性，于是，这个方案又被放弃。既然拼缝不行，幕墙也不行，那为什么不走地下呢？因为地下的东西实在是太多了，这里本来就有风机盘管所需要的水管，不仅如此，水管之上还有保温处理，如果再设管线，肯定会超过地板所限制的高度，可能会让整个后续装修都无法进行。夹层面积之争，形势严峻得让人头大。不过他们还是找到了一个稳妥的办法，那就是绕过空调水管，不过代价就是管线比预计长了不少。

此外，控制箱的安装也花费了他们不少时间和精力。样板间的高要求，不仅体现在施工质量上，对颜色、高度等美观问题，也有自己的统一要求。因此，控制箱的安装方式和安装位置也引起了不少讨论。最开始，源牌是想把它做成挂墙式的，但这样处理似乎对墙的抗震性有影响。我们都知道，中信大厦位于华北地震带，是整个区域唯一破500米的高楼，因此在抗震设计上，要求非常苛刻。为此，业主方要求改成落地式。经过源牌的调整，并解释控制箱的体积并不大，绝不会影响抗震，才又改回了挂墙的安装方式。

这些案例，不过是所遇问题的沧海一粟，匆匆一瞥。但对于中信大厦来说，再怎么严谨也不为过。这份严谨与辛劳，并不单纯属于源牌。在11楼的样板层，所有单位都在拼命解决问题、改良方案、优化效果。即使是返工最少的单位，也起码做过两次以上的更改。而这一切，都是有意义的。因为样板层的试验成果，将成为所有楼层的经验与标杆。

当样板层施工督导工作完成之后，接下来就是对施工经验进行总结，并形成一套可复制并行之有效的施工标准。施工方可以按照这套标准应用到所有其他楼层的施工之中，这样的标准化作业，确保了每一层楼的施工质量能够看齐样板层。

这些成果得到验收认可之后，接下来才是全楼的施工作业，这一阶段，从2017年持续到2019年。因为此前工作的扎实可靠，如所有人预想的一样，这一阶段基本就是在快速再现样板层的施工过程。在非样板层，还要检查水管的安装、消声设备的安装。

在全楼施工阶段，源牌一如既往发挥施工督导作用，发现并解决了不少问题。其中，机房结露问题是一个典型。由于中信大厦地下室的最深处达地面以下40米，在夏季的实际监测数据显示，空气相对湿度非常高，基本维持在90%以上，管道、设备以及墙面均出现了不同程度的结露现象。为了解决这个问题，源牌从现场实际情况出发，对实测数据进行分析，针对地下室设计了施工阶段湿度加强的相关控制措施。通过合理地划分湿度控制分区，制定严格控制散湿源的方法，分不同时段采用不同的湿度处理措施。如此一来，冰槽、暖通设备、管道外表面及墙面等，再也没有出现过结露现象。

对于源牌来说，施工督导重要，但他们的另一项重要任务同样没有落下，这就是"源牌自控"的重头戏——控制策略的编写。

我们曾解释过，特定的自动化程序能够通过完成相关的任务来帮助人类更高效地完成工作。策略，就是工程师指挥机械达成这个目标而设计的办法。但电子与机械是听不懂人话的，要达到目的，工程师还必须把可行的策略从人类的语言变成程序可以理解的存在形式。这个存在形式，就是逻辑；这个变化过程，就是将策略编写逻辑指令的过程。

中信大厦整个暖通系统庞大无比，相应的，它的控制策略编写也表现出极高的广度与深度。从送排风到变风量，从风系统到水系统，源牌必须对每一个控制环节、每一项机电设备、每一种运行工况进行事无巨细的思考研究与控制编写。

这就包括：冷源系统的控制策略、管网冷冻水系统的控制策略、变风量系统的控制策略、送风和排风系统的控制策略，也就是制冷、送冷、用冷的控制策略，再加上一个送排风的控制策略，共4套控制策略。

要想完成这个任务，PLC选型就是重中之重。

针对中信大厦的实际情况，中信和业结合专家意见提出了19条技术规格书要求，内容包括控制器的硬件属性、网络接口和通信协议、传输速度与断电保护等方面。其中特别就掉电、通信中断、误操作等情况的保护功能以及它应该具备的控制与工作能力，出现故障的响应和解决的标准要求，做了一一的标注。

西门子选送竞标的产品，是公司最新且技术成熟的PLC产品，S7-1200和S7-1500系列PLC并搭配WINCC组态监控软件。它拥有灵活的可扩展设计，可以满足复杂多变的应用需求；它有强大的工业通信能力，能够在不同环境下实现信息快速的交换；它还自带全集成技术和诊断，让问题的发现与解决不再是难题。具体来说，相比于普通串口通信，S7系列具有更强的校验能力和更快的速度，更能完美实现大数据量的高速采集。不仅如此，1500控制器自带强大的诊断功能，可以诊断站点故障及I/O点故障，并直接在上位机与自带的前面板上同时显示故障信息，在第一时间将故障原因准确告知现场人员。普通控制器并无此功能。

可靠，极速，高效。即使跳出这个项目，S7系列也能从容应对PLC未来的趋势与挑战。当不再局限工业控制而进入各种民用领域新天地之后，因为各个项目常常有着自己独一无二的特性，因此对PLC的灵活性来说是更严格的考验。而西门子通过PLC的模块化，让使用更简单快捷。

这些优势符合了源牌的产品理念，满足了源牌编程所需。这也是源牌与西门子深度合作的原因。西门子还专门派出团队协助中信大厦项目控制系统的选型及软件的配置，确保系统安全。西门子中国区PLC的总裁还将专门就西门子PLC在中信大厦的应用进行考察，作为PLC在楼宇方面的推广。

之后，S7-200SMART系列工业PLC凭借其同样突出的精度、可靠性、编程的高自主性，以及与暖通控制器师出同门这一点，被选为VAV控制器。

与PLC只需要控制新风部分的珠江城相比，中信大厦有着被控点多、子系统复杂、相互制约的控制现状，如果没有一套高效的网络分治统筹，那么无论什么业内顶尖的产品都决计发挥不出它的功效。于是，搭建光纤环网将各个环节所有的PLC控制器相联合，是必要的工作。在这套光纤环网中，采用了PLC分布式站点技术，涵盖PLC 2725套，网络控制器BNC 52套。其中末端的1200通过1500接入一个超过千兆的华为大型光纤高速以太通信网络来进行与上位机的关联通信，最终实现控制。这么一来，所有的PLC相互连接，实现了数据的及时传输。得益于从VAV到冷源的控制器均采用同一品牌PLC，软件协议一致，无任何接口编程；又因为PLC具有自诊断功能，当网络中某点故障时环网可确保系统仍然正常运行，稳定性得到保证。末端与上位机的沟通迅捷顺畅，为具体策略逻辑的实施，提供了物理层面的有力支持。

敲定了编程武器PLC之后，源牌就为项目实际部署一系列解决方案，编写大大小小的控制策略了。这些控制策略，将详细地控制着每一台设备、每一套大小系统。

其中，制冷相关的冷热源部分是重中之重。可以说，这里是空调的源头之水。在狭窄机房之内，有诸多设备，如冰蓄冷装置、离心式双工况制冷机组、基载变频离心式冷水机组、乙二醇溶液泵、冷水泵、冷却水泵及板式热交换器等。若要无首的群龙同心协力，各自协同释放出完全的能量，若要确保暖通系统的长久运转，实现健康舒适、绿色节能、高效可靠的目标，就离不开源牌的控制编写。

冷源系统编写了四项策略：主机群控、冷冻水泵的变频群控、冷却水温度双优化的控制、冷却塔的群控。冷水机组+冰蓄冷模式，首先要处理冰蓄冷与冷水机的关系。冷热源主机设备本身其实也带有控制面板，但这种面板基本职能是对主机起一个保护的控制作用，无法联动其他设备。而源牌此时分别针对各个小项，通通写了一套专有的控制策略，将冷热源主机的运转与蓄冰融冰的状态相结合，以达到因时而制的最优效果。

当然，中信大厦项目还有一个更上一级的平台——云平台，可以收集所有的数据。就算不依托云平台，"源牌自控"也可以把它们全部集成到一块去，制冷其实就是满足末端的需求，到底要制多少冷，下一阶段要送多少冷，往外提供多少能量，这都跟末端的当前情况有关系。

所以，"源牌自控"做了建筑能量的平衡控制，意思就是把末端的需求反馈到冷源去，冷源根据末端的需求做动态的响应，既不过度送也要保证需求，把末端负荷情况的数据给到冷源的控制中心去。

此外，为了确保机房安全的万无一失，源牌起用了西门子的S7-412H硬冗余系统，硬冗余的特点是一用一备，并且备用项是处于热备用状态，也就是说它不需要额外启动时间，一旦主机发生任意故障，都可以实现无缝切换，确保系统稳定可靠，不受影响。

制冷之后，便到了送冷环节，也就是水系统的控制。

这一块主要就是保证能量的平衡，各区段设置了单独的回路，保证各区段是一个独立的控制。在各区段里面，假如说Z1区送冷，和其他区没有大的影响，平衡主要集中在这个区段内部。这里，主要用到了智慧阀，等于智慧阀里有一个动态变流量的控制技术，保证末端流量的需求，保证机组的冷量是足够的，能量够了，冷量也就够了。

在送冷这一块，比如说Z5区，是由M3设备层的换热站送的，换热站根据这个区域的末端智慧阀开启的情况来修正换热站给这个区的送冷或送热回路压差的状态，保证末端总需求和实际送冷的匹配，最大限度降低水泵的能耗，也就是动态平衡变流量的一个控制。末端有自己的需求，满足它自己，在送冷或送热这地方，根据末端需求的情况调整它的输出，也就是一个反馈。

水系统在换热站这一块根据送水温度自适应的控制，很多区域能源站设计的工况，冷站出去的水比如2℃到3℃的水，到末端后是达不到这个值的，实际上比这个值要高。板换到了末端换热站这里，按照设计的工况去控制的话，是很浪费的，所以这里对一次测的水温有一个自适应，保证二次测的水温在合理的工况运行，这是作为节能的措施之一。很多地方都出现这种问题，源牌在这个环节也特别注意。

所以，把遇到的问题，作为控制策略编写了进去，这就是PLC的好处，能够自己编，方便。

送冷或送热关键的就这两点，保持能量的动态平衡和温度的自适应。

现在来说末端设备这一块，标准层基本上都是变风量系统，除了个别楼层，比如餐厅、大堂等。最重要的就是变静压和变送风温度的这一套控制系统，这是末端的核心。中信大厦变静压控制和总风量控制都用了，而定静压控制是在故障阶段或特殊时候比如调试阶段应急的控制逻辑，是一个备用手段。

在中信大厦项目中，源牌将变静压与总风量相结合，在前期先用定静压模式调试，正式投入使用时，用总风量控制开机，等待温度降低之后，再使用变静压进行精准地调控，以保证舒适度同时做到更低能耗地运行。市场上主流的定静压模式，是在风管里装压力传感器，再根据压力数值来控制频率。因为这个压力值是不变的，所以多有弊病。相比起来，变静压所设定的压力值是动态的，可根据阀门的开度调整压力设定值，再以此为根据进行调频。变静压与总风量结合，实现风系统最小阻力控制，这样的节能效果到底有多好呢？事实证明，系统节能率达到40%~60%。现在，很多设计院都开始采用可变静压模式了。

除此以外，源牌还在末端用到了一种名叫温度不感带的控制逻辑。但跟变静压不一样的是，它并不是一种完整的策略逻辑，而是设定逻辑，当有了这个设置，系统会按照温度不感带的区间范围去调节室内的环境温度。

所谓不感带，就是设定一个温度区间，当温度变化不超出此区间，温控系统是不作为的。比如源牌本身的温控精度非常高，常常在±1℃，甚至±0.5℃左右。而不感带则可以将这个感应区间调整到任意值，比如±1℃、±2℃，甚至±3℃。再往上其实也可以设置，只是会影响舒适度，所以一般默认在±3℃。为什么要刻意改变更精确的控制感应呢？

其实这里有这样一个实际情况，那就是±1℃~2℃的变化并不会引起人明显的舒适变化，但是越精确的控制变化，却会越加重机器设备和整个控制系统的负担。当这个精度并不能引起体感的变化，那这个精度其实是过剩的。因此，牺牲一些数值，却换回整个系统更高的稳定性，这是值得的。另外，当温度宽度带范围拉开以后，内外区温度混合现象的发生也明显减少了，减少了不必要的能源浪费。

这就是不感带相比原来控制方式的优势所在。

这个想法最初不是源牌的主意，而是外国顾问专家的意见。就像源牌负责督导机电施工一样，中信业主同样为源牌指派了经验丰富的顾问单位。有了他们的助益，源牌在编写策略这一块更为自信。源牌此时虽然已经完成了不少项目，但学无止境，工程实践中有高水平的同行交流，相互学习当然是有利于自己的进步。所以，中信大厦项目对源牌来说，是一次意义非凡的精进与学习。

在三大块的策略编写之外，源牌还费心尽力地设计了各设备各情景下的使用情况，其中比较复杂的就有环形风管系统联合控制。源牌在空调机组并联运行的环形风管上设置电动风阀，以实现环形风管系统的切分和整合控制，并根据参数设定了几种情况：当不同分区负荷差异较大时，采用分区独立控制实现负荷供需匹配；当分区负荷差异较小时，采用楼层整合控制降低风系统整体静压；当低负荷及过渡季时，实现单台机组变频节能运行。

控制策略的编写终于完成。业主请了国外的顾问团队、专家、设计院对这套控制策略进行评审，最终形成了一套标准的控制策略。

"源牌自控"形成的控制逻辑和不同类型的程序，最后还是要落到设备身上。也就是源牌的核心控制设备——RPC5600。

RPC5600，一方面它是一种控制系统，表现是如AHU等许多设备的智慧控制箱，肩负着非常的重任，所有现场的数据采集、执行器的执行、控制逻辑的实现，都是靠这个箱子来实现。

　　另一方面，RPC5600是一种解决问题的技术路线和思想体系，是源牌针对楼控系统所打造的标准化产品。它集成了软硬件，整合了控制、监测、管理和运维等多方面功能，并可以根据不同项目的需求，从已有技术簇中选择合适组件经有机整合后形成针对不同需求的解决方案。

　　在机电一体化、软件自主化、控制精确化的三化指引下，设置有REM5600空调能效智慧管理平台，包括进行宏观系统监控管理的空调智慧控制管理平台REM5600、冷热源机房智慧控制RY5600、管网平衡控制技术RG5600和空调末端智慧控制系统RM5600几个模块。它们在各自的物理空间，发挥着同样重要又各不相同的作用，又能统筹于同一管理系统下，管理者可以通过三维全景的可视化程序，纵览全局的运行情况，简单高效。

　　就是在中信大厦，"源牌自控"形成了300页纸的控制逻辑，110种不同类型的程序，集中于RPC5600中。每做多一项工程，"源牌自控"就更趋于完美，在中国楼控自主民族品牌的道路上又前进了一大步。

 十六

调试与验收，见证"源牌自控"高光时刻

我们不断强调说，中信大厦项目的暖通系统重点，其一设备选型，其二施工督导和控制策略的编写，其三就是调试。

暖通空调经历了前期策划、设计、设备选型采购、施工安装等多个环节，各个环节相辅相成，调试作为最后一道工序显得尤为重要，是检验工程设计质量和施工质量的重要环节，其优劣会直接影响到建筑的使用功能和效果。

中信大厦作为一座立体的城市，它的调试难度远远大于任何普通项目。由于采用了复杂的冰蓄冷、多级换热、冷冻水大温差梯级利用、低温送风耦合技术，空调末端涉及变风量空调、风机盘管、新风机组等多种空调形式，暖通系统调试需经过单机调试、风水系统平衡调试、BA系统调试、联动调试多个环节，只有把调试工作层层分解，庖丁解牛。

并且，暖通系统调试是以供冷采暖季为单位，时间紧迫，如果能在冬季之前完成供冷样板测试，整个大厦就可以提前半年投用，同时也可以节约大量分包和总包人工成本、时间成本及现场管理成本，意义重大。

对于源牌来说，2018年1月10日的暖通调试启动大会，是来之不易的。因为就在短短月余之前，中信大厦机电项目仍然在紧锣密鼓地施工。源牌向各方争取资源，没有条件创造条件，一切为调试工作服务，中信大厦暖通调试启动大会吹响号角。机电总包作为管理单位，源牌作为调试牵头单位，在总包的管理下，一系列的调试工作展开，源牌组织了中建一局、中建三局、中建安装、源牌自己和设备厂家共同来编制调

试计划，明确调试内容和调试流程。

　　源牌结合调试技术方案和现场实际情况，对照暖通风水系统原理图，将调试工作层层分解到具体楼层、具体调试部位，列举出每项调试前置条件和资源需求，各项工作环环相扣，确保调试计划具有可执行性，在调试执行过程中不断对计划进行检查跟踪，力争以最短的时间实现调试目标。

　　在系统点对点调试时，调试前做好各项检查工作，确实无误后对每个数字量和模拟量硬件点位、通信进行测试，过程中需要对自动化仪表的测量精度进行校对。在VAV末端点对点时，为确保温度读数的准确性，调试技术人员利用水银温度计对数据逐一标定核对。

　　细节上，对于调试资料的管理，建立中信大厦暖通调试文档管理连接系统，按照区段、系统、设备编号进行分类管理，便于调试资料的快速查找、过程控制，并可作为后续空调系统运维的原始参考资料。

　　其中，风平衡调试是暖通调试工作的重要环节，特别对于变风量系统，是决定实际运行过程中风量控制的关键。采用传统风量罩逐个测量风量并以此为依据调节手动风阀的方式，各暖通分包需要重复多次调节才能实现风系统的基本平衡。

　　源牌此时发挥了暖通带头人的作用，对调试方法进行了改进。由于风量罩读取风量工作量大并且操作困难，他们建议各暖通分包改用软件通信的方式，直接读取VAV的实际风量，这样速度快、操作简单。

　　也是在风平衡调试过程中，末端出现风量不足情况，源牌的工程师就先进入吊顶逐一核查所有风阀状态，再结合设计参数分析过滤网阻力、送风静压、风机运行电流、实测风量等测试数据，理论联系实践，最终发现是由于临时滤网阻力过大导致风量不足。

　　在此期间，他们不断发现问题，迅速解决问题。有一次，窗边风机盘管在调试过程中出现了反复跳电的现象。林拥军亲自带队上阵，把出问题的整体系统，一一分解成风机盘管设备本体、控制器、强电接线、弱电接线等各个细小单元，再逐项排除，最终找到问题的根源所在并成功解决。这样相似的故事，还有很多。由于现场井然的秩序，昂扬的奋斗面貌，以及精益求精的工作态度，源牌破解了一个又一个谜题。

其实暖通系统的调试，也是对一个团队暖通、自控、电气等多学科专业知识的检验，或者说，一个团队只有具备了暖通工艺和自控技术的复合型人才，才能追根溯源，才能彻底把暖通的整个系统融会贯通。

问题的不断发现和不断解决，正是实力和水平的体现。

"这个阶段测试效果非常好。风平衡调出的偏差是在5%内，一般标准是15%，而中国尊项目要求是10%，同时噪声测试在40分贝以下，测出的在34~38分贝的范围内。我们达到了一个非常高标准的要求。"项目经理林拥军这样说。

到了自动控制的调试阶段，就由源牌自己来调试，各单位配合，这个过程持续了将近2年的时间。最重要的是确保准确性，保证安装上去的传感器和通信设备VAV、风盘等数据达到正常的状态，为后面联动的调试、实现设计参数打下基础。

2018年3月29日，在调试的重要阶段，王伍仁总经理特意到访源牌低碳馆，王伍仁对源牌在中国尊项目施工、调试过程中的进度配合、质量保障给予了肯定。源牌的"e源服务云平台"给王总留下了深刻的印象，他提出，希望源牌能针对中国尊项目编制一套运维方案，通过双方精诚合作，建设、调适、运维好中国尊中央空调系统，为大楼创建一流的空气品质，同时做到能耗更低，为国内超高层创造出新的标杆。

其实，源牌就是这样做的。

一边施工、一边调试、一边应用，在这个过程中，相当于提前开始了调试工作，缩短了调试进程。安装和调试分区进行，对于工期如此紧张的中信大厦项目来说，意义重大。第一，中信大厦作为一个立体城市，调试难度远远大于普通楼宇的调试，这座立体城市，交叉施工非常多，施工与调试相交叉，影响了调试的进度，加大了调试的难度。第二，中信大厦设备数量众多，配合单位也多，相互之间的施工配合更是需要各方的精诚合作。第三，在施工阶段，项目上供电不足，调试要错时分阶段分层进行调试。第四，由于施工人多，上下楼层很不方便，以及装修的影响等，都加大了调试的难度，而且在密闭的空间里面，空气质量差、粉尘多……

但是，一切的困难都阻挡不了前进的脚步。2018年8月初，源牌开始策划样板区段供冷联动调试。8月23日，源牌组织各专业分包项目总工、调试负责人召开中信大厦暖通调试会议，完成了分包范围内的前置条件整改、注水、打压、冲洗、单体调试、平衡调试以及自动控制的点对点、软件模拟测试、上位机界面调试等相关工作。

2018年10月，中信和业率先入驻中信大厦，为了确切了解运行效果，在中信大厦Z4区整个区段，要对供冷系统的调试专门做测试。

也就是说，这次的测试，主要检测在做了单个设备的调试以后，对于"源牌自控"300页纸控制逻辑最终要实现的效果的验证。检测细到对每一类型的设备单独做了检验效果的调试验收表格，这个表格把每一种类型的设备应该实现什么样的功能，应该达到控制策略里面描述的所有控制效果，逐条列出来以后，在上位机界面操作，逐条验证。

2018年10月12日，专业分包开始手动联动调试。10月16日，调试完成具备测试条件。

2018年10月17日、18日，机电总包中建安装和暖通调试牵头单位源牌共同指挥，并与设备厂家、顾问公司及各施工单位组成联调团队，对冷源、M3换热机房、Z4区标准层、暖通监控系统和B1M中控室等进行了暖通系统分区带负荷的联调测试工作。

2018年10月23日，中国尊样板区段（Z4区、M3、M4、冷源）供冷联动通过国外顾问方测试和业主的验收，取得暖通调试阶段性成果。系统联动阶段验收，最终顾问给了结论："源牌自控"的软件和现场调试抽取的楼层完全满足控制逻辑编写的目标。这套系统能够完全实现控制逻辑上描述的这些控制要求，并且能够完全实现操作。

王伍仁这位"超高层之父"，对"源牌自控"的控制系统能够完全实现这套控制策略，给予了极高的评价："今天的调试成功，是一个阶段性的成果。今天的成果，说明我们选择源牌是正确的。"

可能还是有很多朋友不甚了解这些评价、这些结果背后的意义，其实，"源牌自控"的价值，正在于此！中信大厦暖通系统最有特色的，正是在调试验证上，这就是我们前文所说的，很多很多的超高层、很多很多的项目都达不到这种要求，或者说能达到这种执行条件的非常少。这就是中国楼控的现状，但也正是"源牌自控"存在的意义。

在中信大厦的控制策略方面，真正做到按照原来设想的变静压控制策略运行，在其他项目上，说是用变静压，但变静压的运用条件是比较苛刻的，所以很多项目都运行不起来。而中信大厦项目，都是按照我们原来设想的在运行。

当然，调试工作还远没有结束。源牌还要在2018年12月20日前，完成34万处软硬件总监控点，10万多硬件接线点，各类型软件组合150余套，1000多个监控界面，确保中信大厦初步移交的顺利进行。

低温，逼仄，劳累，都难不倒源牌人。12月20日，他们完成了自己的使命，一个看似不可能的使命。

2018年12月28日，中信大厦建设总包方向业主中信集团初步移交，标志中信大厦从建设阶段步入移交运行阶段。

2019年12月，中信大厦竣工并通过验收。历时多年的辛勤孕育，这朵中国建筑的礼花，别在了祖国首都的耳边。创造了8项世界纪录、15项中国纪录的中信大厦，它担得起这样的荣誉。

其实，在中信大厦初步移交到竣工验收甚至直到今天中信大厦竣工验收的半年之后，源牌依旧有一些工程师在现场，他们在中信大厦已经启用的楼层做着单独的验证，特别是中信大厦的3层、4层，已经运行2年了，源牌可以在现场随时关注并且调整参数到合理的位置，这样的验证就极具说服力，也得到了业主和顾问的认可。

　　"源牌自控"在杭州平安、深圳能源大厦的基础上，完成了中信大厦上位机界面规划模板，界面丰富多彩、功能强大，将美观与实用达到了统一，是对"源牌自控"人机交互的再一次升级。

　　"源牌自控"运行速度快，数据的通信及速度同样达到秒级，以往10秒以上的反应速度，中信大厦这里不需要2秒、3秒，反应速度直接在1秒内。整个界面操作流畅，通信网络的速度非常快，108层的中信大厦，有几百上千个画面，可随时切换到某一个画面，某一个楼层，不会有任何的延时，发出命令后回来的都是实时的数据，非常快速。

　　"源牌自控"在中信大厦的成功应用，在控制上减少了人为操作对系统的影响，所有参数的设定都是自动设定的，参数的调整都是自动的，不需要人工来操作。

　　可靠性高、抗干扰能力强，系统投用以来未受到强电频电磁的影响，也不受恶劣环境的影响，系统稳定可靠。

　　通过已经开通运行的区域可以看到，中信大厦的自控系统完全按照原来的设想实现了最初设计的功能、效果。直观的感受，就是进入中信大厦后，噪声非常低，人进去后感觉非常舒适，在设计时的新风量和PM2.5在这时候起了作用，按照最好标准设置的这些参数，所有的温度、湿度、噪声在中信大厦得到了完美的解决。

　　中信大厦项目，"源牌自控"从变风量控制策略、控制原理图、控制逻辑图、控制软件、网络通信到上位机监控画面等方面都全力以赴，代表着中国乃至国际先进水平的VAV变风量控制策略和全自动控制逻辑，最终实现中国尊暖通空调系统的健康舒适、绿色节能、高效运维。

　　"源牌自控"在中信大厦通过PLC编程后的成功应用，真正意义上完美地全面实现了整个控制逻辑，改变了以往楼控系统能开就行的局面。"能开就行"，实际上就是没有真正实现楼宇自控的控制策略，没有达到节能的效果，没有达到室内每一房间温湿度精准控制的要求。我们的变风量系统，屡战屡败的原因也正是始于"能开就行"，没有实现精准的控制。

在屡败屡战的中国楼控市场，"源牌自控"在中信大厦完美实现了整个控制逻辑，呈现给他们的就是：精准的温度控制、舒适的室内环境、高效节能的暖通系统……

新冠的肆虐，并没有对中信大厦的室内环境造成太多影响。变风量空调原设计有大量新风的供应，结合疫情在控制策略的编程上做了一些调整，增加了疫情使用工况，在疫情期间，采用全新风运行模式，在北京地区疫情期间空调基本没法用的情况下，中信大厦的空调系统能够正常使用。

这次疫情，对高层建筑提出了严峻考验，而中信大厦，交出了自己的满分答卷。

十七

能源站项目，"源牌自控"集成专业户

经历了一场与中国首都北京最高楼的亲密接触，我们还是要再来说说能源站，这个"源牌自控"贡献良多的小众行业。

源牌与能源站，有不解之缘。

对于复杂的能源站，源牌一直走在行业最前列。其他供应商也是用PLC来控制系统，但源牌的能源站做得很精细。源牌一开始做能源站的时候，冰蓄冷的工艺非常复杂，冰蓄冷要蓄冰，要空调，要联供，工况有5~6个要进行切换，白天还要和电价结合起来，控制逻辑特别复杂。到现在为止，所有的能源站，还没有一个是用DDC控制的，因为它的控制逻辑非常复杂，整个能源站控制点数多，或者说，冰蓄冷的能源站，只能用PLC来做。

一路走来，在用PLC对能源站进行控制这一点上，"源牌自控"是有贡献的。现在，对能源站的控制基本上都用PLC，追根溯源，还是要回到近20年前源牌所完成的全球第二大能源站——广州大学城能源站的项目。

2004年，广州大学城区域能源站开始建设。源牌利用PLC控制器完成了对能源站的控制策略与逻辑编写，让这座孤岛上的能源站顺利在之后的十几年里稳定运行，支撑着大学城的运作。没有一个部件损坏，没有一件大事发生。时至今日，源牌依然跟进着后续服务，而大学城每年只需付出少量的运维成本，再无大额维修之苦。这其中，"源牌自控"贡献良多。

反过来，广州大学城能源站项目，对源牌来说又是何其重要，可相当于"源牌自控"的黄埔军校。从这个项目里，一批年轻有为的工程师得到了真正的锻炼，在知识技术与实践领域方面都攀上了新的山峰。后来，华电华源的自动化事业部成立，班底就是广州大学城能源站项目部。2009年，在自动化事业部的基础上，组建了源牌科技。至此，他们都成为"源牌自控"的中流砥柱。

除了自我的历练，广州大学城能源站项目，其实也是源牌向外界展示自己的窗口，即使到十多年后的今天，也还时不时有团队带队去广州大学城现场观摩学习。有了广州大学城能源站的成功例子，让源牌更容易拿到后来一系列重要项目，这其中，除了珠江城等超高层楼宇项目，"源牌自控"浓墨重彩的一笔，还在于其负总责的许许多多机场能源站项目。

毫不客气地说，在机场能源站项目方面，"源牌自控"踏踏实实走在了行业的最前沿，成了机场能源站的自控集成专业户。机场大的能源站的控制方面，"源牌自控"引领了行业。

有了广州大学城区域能源站，就有了2007年的上海浦东机场能源站，有了上海浦东机场能源站，就有了2009年的上海虹桥机场能源站，就有了2016年的上海西虹桥能源站，再就有了南京机场能源站、合肥机场能源站……

不过在细数浦东机场、虹桥机场等耳熟能详的项目之前，还有一个能源站对"源牌自控"意义非凡，可以说，这个能源站是源牌人探知与实践精神的缩影。正是这种精神，"源牌自控"才能从广州大学城项目的初探，到珠江城的大放异彩，再到白玉兰广场等项目的不懈向上，展现他们领先全球的技术实力。

这个能源站，就是青山湖能源站。

这个带有点实验性质、却又真实高效地落地运转的项目，位于浙江省临安市青山湖科技城核心区块，也正是杭州国电能源院（即源牌科技）的总部和办公大楼所在之处。

青山湖科技城，这块精心打造的省级科研机构创新基地，面积其实并不大，首期核心研发区块总规划建筑面积约80万平方米，汇聚了46家浙江省高精尖的企业与科研院所，其中包括香港大学浙江研究院、浙江大学可持续能源研究院、交科院、中科院长春应化所、海康电子等耳熟能详的名字。这个项目对于源牌众多项目来说，并不复杂，规模也偏小巧玲珑，但青山湖能源站的建设，责任重大。

作为整个园区冷热的源头，青山湖能源站的工作成果惠泽了几乎所有办公科研建筑。在它的技术支持下，青山湖科技城用电负荷只有常规中央空调的65%左右，而利用移峰填谷原理所转移的电力共计6000千瓦，一年可节省电费支出40%左右，用水量减少40%；而减排方面更是惊人，二氧化碳排放量骤降37000吨。青山湖区域能源站，在资金成本、能耗、占地、人力、回报等多方面都具备无可比拟的突出优势。

现在，"源牌自控"早已今非昔比。而它与区域能源站的缘分，始终一如既往的密切。

2007年，浦东机场二期中标，这是当年国内最大的水蓄冷项目。对于这样规模的全球大型机场，它的一期工程就已经用到了智能控制系统。当时这个庞然大物所采用的产品，是传统品牌的DDC。一路用下来，机场觉得有些不对劲，有太多地方不如人意，没有半点自动控制的便利。这个系统速度非常慢，自控也不行，最后完全变回了人工控制的手动时代。管理人员经常遇到这样的情况，他们如果要开启某个设备，就必须要人亲自点击，才能实现目的。凡事亲力亲为才能落实，这就等于没有自动控制嘛。而最令人抓狂的，是系统的反应速度堪比蜗牛。如果管理人员在中央电脑下一个简单的指令，那么信号反馈时常会花上四五个小时。同样的时间，你就是让工作人员只用脚力绕着浦东机场跑一圈，说不定都有结余。而以传输速度著称的电子设备，却慢得如此匪夷所思。

所以到了浦东机场二期建设时，业主们就立志一定要改变这个问题。源牌以广州大学城能源站为例，详细地向业主介绍了以PLC为核心的控制系统。业主把理论和实际一结合，觉得可以啊。此时，参与招投标的还有不少国外知名品牌，他们也做过一些能源站的项目。没有人把国产的源牌放在眼里，他们觉得以源牌的技术力，根本不足以和他们抗衡，而机场又是实行低价中标，PLC成本也构不成威胁。结果令他们大跌眼镜，源牌又好又便宜的PLC，顺利中标。

机场方专业人士也不少，其中就有一位同济大学自动化专业毕业的业主。他们本来就对PLC理解很深，只是之前并没有这方面的灵感想法，当有人往这方面稍微一点，又把实实在在的成果放在面前时，他们便很快就接受并认可了源牌。

2008年4月，浦东机场二期竣工验收。它的运行效果比一期好上不少。当然，这是理所应当的。如此巨大的投资，如此成熟的技术，哪里有做不好的道理。

在后来长达10年的运行中，浦东机场二期始终以高水平的持续表现，赢得了机场方面的赞誉。于是在2018年的第三期工程建设中，浦东机场又相中了源牌。

浦东机场三期的高要求，让人咂舌。全球最大单体远距离卫星厅，年旅客吞吐量8000万人次的运行需求，取代传统摆渡车、与航站楼无缝对接的旅客捷运系统，更加舒适宜人的厅内候机体验，哪一项都显示出勃勃雄心。而与之匹配的能源站，可想而知它的复杂。幸好此时的源牌，比之10年前，业已更加强大成熟。

2019年9月16日，三期工程正式投入使用。绿色节能的高效运行背后，有源牌持续的技术保障。

圈子这个东西，说大不大。有了浦东机场的珠玉在前，源牌的口碑也在快速传播，正如同平安集团内部一样。当虹桥机场二期开始扩建时，许多人第一时间就想到了源牌。这时候，由于源牌用PLC控制能源站取得了不少成绩，行业内许多人也开始认同并开始了PLC设计。而宋勤锋此时刚刚由技术人员转任项目经理，虽然商务领域有些青涩，但业主也好，设计院也好，包括华东建筑设计院里诸多能源站方面的大师，大家对他的技术都多有认可，所以在能源站的问题上乐于找他。

就是在这样的背景下，源牌承接了上海虹桥国际机场西区能源中心。

虹桥机场将要在西航站楼北侧设立集中的能源中心，为虹桥机场西航站楼、航站楼北侧预留的指廊，以及南北两个酒店供应冷热源，建筑总面积达32万余平方米。

对于虹桥来说，楼控系统当然并不陌生。原先在上海虹桥机场也是用DDC做的航站楼控制系统，他们所遇到的问题与浦东机场如出一辙，甚至更夸张。一大早上班，工作人员就在电脑上输入收集数据的指令，直到晚上下班，整整一个工作日，他们都不一定能看到想要的。通信规约所限是一个原因，不科学的串联又是另一个原因。

实际上，机场能源站的要求是很严格的，要想达标并不容易。一般的常规楼宇，设计院认为难度不大，弱电暖通各不相干，弱电部分的BA交给代理商，画完图就不用再插手。出了问题影响也不大，大不了多麻烦一些人工，并不会对实际使用造成毁灭性打击。但机场不行。机场要求很高，所以涉及机场的暖通设计，从总工开始到副院长，都会亲自下场。他们对每一个要求都把控得很严格，但浦东机场一期因DDC而留下遗憾的事，他们意识到了，却也无能为力。

现在，源牌的方案得到了业主的一致认同。要实现它所涉及的风量、冰蓄冷、水蓄冷等复杂却节能的空调系统，就必须用非常之控制手段。这种非常之规，就是利用灵活多能的PLC平台进行完全贴合项目实际的逻辑编程，并接以后续运维支持，这种非常之规，就是"源牌自控"。面对复杂艰深却节能舒适的VAV变风量控制，"源牌自控"做得得心应手。

源牌虹桥机场能源站项目是有难度的。它的自动控制系统五脏皆在，各自的控制要求也一应俱全：既要群控冷水机组、冷却塔、水泵、水蓄冷罐等设备，又要监控冷冻水直供系统与实现管网平衡。同时，对整个能源站所有的用能设备，必须分门别类且精准地计量其能源消耗，从而完成大数据分析，以指导修正运行策略。在保证系统稳定安全的运行基础上，业主们要求尽可能高地提高能源站的运行效率，以降低运行费用。

跟所有大型的自控系统一样，要想实现有效运行，就少不了高速科学的控制网络。虹桥机场能源站的控制网络由两层组成，上层网络为管理层网络，下层网络为现场控制。通过以太网交换机，传输速度最高能达到100MB的实时工业以太网将上层网络与下层网络PLC控制器相连。

有源牌的技术，有科学的策略，有浦东的经验，虹桥项目的前景可期。对于源牌的自控技术，许多设计院的专家都多有赞誉。他们也认识到，如果暖通技术不能用匹配的自控技术去实现，就无所可用。在缺乏可靠自控技术之时，其实设计院也感到异常痛苦。没有人不想做好自己负责的项目，特别是那些一辈子也难得碰上的重大项目。但市场上少有能将他们的绝妙思路落实成可靠逻辑的集成商，因此即使是影响深远的项目，建成效果也常常难服众望。

幸好，虹桥机场能源站是成功的。根据实时数据显示，供回水温差准确到位，管网平衡稳定持续。不仅没有专家们所担心的小温差大流量问题，相反系统的能效比高达4.19。这个数据何止优秀，它甚至超过了许多发达国家最好的区域能源站数据。这一切充分证明了，源牌控制系统不仅是安全高效的，而且有冲击世界市场的绝对实力。

2015年1月，源牌环境科技有限公司被评为上海虹桥国际机场西区能源中心2014年度"合格服务商"。

转眼一年不到，2016年，上海又一重要能源站项目开始招标，那就是西虹桥商务区能源中心。参与竞标的高手云集，大多数是世界500强企业。

　　它虽然不是大型交通枢纽的能源站，但同样具有覆盖面积广、设计复杂的特点。整个西虹桥商务区，涵盖了96万平方米的土地，无数如阿里巴巴、经纬等知名公司都是它的服务对象。西虹桥能源站采用冷热电三联供分布式能源系统，耦合水蓄冷（热），辅以风冷热泵、水-水源热泵、燃气锅炉等冷热源设备，属于多能源耦合复合系统。这套系统与以往不同的是，它不仅有水蓄冷，还将发电站放到了能源站里。三联供，就是这种自发电的能源系统。

　　作为全国经济的领航者——上海，早有成功的实践。以上海世博为例，28栋楼宇共用一所能源站，这种大型能源站一般是采用分布式能源系统。在国内外，这种系统已经是一种成熟的综合能源利用技术。通常来说，这种系统以天然气为一次能源，通过高效燃烧去发电，再通过这些电力去驱动整套空调系统。而燃烧发电之外产生的温度，不仅可以为暖通系统提供热能，还能参与制冷。这是怎么回事呢？因为现代制冷系统大量运用冰蓄冷技术，在电力使用压力较小的时段大量制冰，而在电力压力大的时段，通过融化冰来大规模降温。而这些废热也刚好可以参与到融冰的过程中，减少了这方面的能源用度。这样一来，天然气转化为电能的效率从以往的60%，一举提升到了85%以上。

　　与电厂集中发电、再不远千里送到用电单位的模式相比，三联供系统既没有运输过程中的电力耗损，又因为自发电的性质，可以不受电网用电峰谷状态的影响。

　　西虹桥能源站也是一样，在发电过程中，它把自己本来要通过烟囱排掉的热也转换成了能源。正因如此，整个能源站可以说是当时国内复杂程度最高的项目了。

　　但是，这些都难不倒源牌。为了实现完美控制，能源站起用了2套西门子冗余控制器S7-400H系列PLC，内部自控点数1875点，保证了系统的安全和准确。通过控制器与传感器的结合，自控系统实现了对供能系统供回水温度、压力、流量等数据监测；实现了对系统设备运行状态的监测，以便及时进行故障诊断和事故报警；实现了对建筑水、电、热量、燃气等能耗的自动统计计量。

在采用PLC控制系统后，西虹桥能源站的能源利用率达到了87%，而在行业里，这个数值能做到82%就已经相当了不得。要做就做最好的，这是源牌的尊严。

源牌在这个项目里的成功表现，也看在了许多西虹桥商务区用户们的眼里，自然而然，源牌的自控业务也就拓展开来。后来，西虹桥阿里总部大楼的能源相关楼控系统，也是源牌提供的。

2018年，首届中国国际进口博览会在上海举行。11月5日，中国国家主席习近平在上海国家会展中心出席开幕式，并发表主旨演讲。作为世界上第一个以进口为主题的大型国家级展会，此次博览会展览面积达到30万平方米，其中全球盛会场馆——上海国家会展中心，是主席会见外宾与召开会议的主要使用场馆。它的建设，就有源牌的一分助力。他们为场馆提供了末端管网平衡控制系统以及办公区变风量空调系统，保障了环境的质量，也保障了运行的可靠。

会展中心末端采用的是三次泵直供系统，这在国内大型能源站中是比较少见的。系统特点是能源利用率高，运行更节能，但有得必有失，它的自控难度非常大，对控制系统的提供商要求很严苛。凭借着在上海虹桥机场、上海西虹桥能源中心、南京禄口机场等大型能源站项目中展现的强大自控实力与良好市场口碑，源牌承接了此次盛会能源供应的保障工作。还是立足工业级PLC控制器，依靠源牌的自控技术，他们成功为办公区域打造了可靠的变风量空调，用低能耗创造了一个健康舒适的室内环境。上海进博会顺利召开，离不开各行业人的努力，其中当然包括全力以赴的"源牌自控"。

优异的表现，促成了双方的第二次、第三次合作。进口博览会每年一届，也需要每年一检，绝不可能一成不变照搬去年设备。因为每一届博览会，会面向不同的客户，活动内容也各不相同。需要就实际情况进行针对性改造。

2019年10月，中国进博会再次于国家会展中心隆重开幕。而在开幕之前，凭借过硬的产品实力及服务品质，源牌就已成功赢得了业主的信任与支持，顺利签约第二届进博会会展改造项目自控系统，继续为进博会贡献源牌的技术力量。

经过十多年的耕耘，一个又一个有说服力的案例，让"源牌自控"的名气越来越响。2019年，源牌又以综合评分第一的成绩中标四川成都天府国际机场航站区供冷供热站自控系统。先后陆续为上海虹桥机场、上海浦东机场、西安咸阳机场、南京禄口机场、安徽合肥机场、沈阳桃仙机场等机场能源站完成自控系统集成工作，源牌已经俨然是机场能源站的专业户了。其实除了机场项目，像西虹桥商务区一样，源牌也在天津文化中心、天津黑牛城道、青岛高新区中欧国际城等特大型能源中心发挥着力量。

说到底，无可辩驳的事实是有力的。源牌始终相信，技术就是一切问题的最终解。

事实证明，他们是对的。

 十八

持以初心，报以匠心

　　1986年，刚刚从华北电力大学毕业的叶水泉，怎么也想不到，在20年后他能带领一批朝气蓬勃的有识之士，为阴郁无风的楼控市场，撕开一个口子；更想不到，他们能够实实在在用实力与曾经遥不可及的国际品牌们一竞高下。

　　但是，这些异想天开，真就在一步步的磨炼与前行中，化虚为实。

　　但这一切，却又在意料之中。

　　叶水泉有一句非常喜欢的话："任何人只要专注于一个领域，5年可以成为专家，10年可以成为权威，15年就可以世界顶尖。也就是说，只要你能在一个特定领域，投入7300个小时，就能成为专家；投入14600个小时就能成为权威；而投入21900个小时，就可以成为世界顶尖。但如果你只投入3分钟，你就什么也不是。"

　　秉持着这个信念，源牌所投入的时间和精力，足够让"源牌自控"立足世界之顶尖。

　　我们回顾了"源牌自控"参与的经典项目，回顾了源牌在它大本营的青山湖能源站，事实上，我们还要如实记录的，还有源牌自己的零能耗楼和源牌的绿色工坊，他们是"源牌自控"动力的来源。

　　2010年，源牌作为首批院所单位，率先入驻自己出力良多的青山湖科技城园区。在这里，源牌提出并投资了两个建设计划：源牌绿色工坊和源牌绿色低碳建筑科技馆。

　　前者是建筑面积为12200平方米的绿色工坊。工坊，自然是要从事

制造生产工作的。这个投入了数千万建造、专门为源牌生产变风量相关规模化产品与楼控相关产品的生产线，它本身的光伏发电就可以负担所需用电量的42%左右，近乎节约了一半的能源。将光伏系统与建筑有机结合，是工坊设计之初就已经决定好的部分。珠江城等后来诸多的智能楼宇，都用到了相似的思路。因为太阳，就是在现阶段取之不尽用之不竭的能源，也是最容易联想、最容易利用的清洁能源。

现在的绿色工坊，正在高效地运转着。2010年，在项目建设的同年，就被财政部与住建部共同推举为太阳能光电建筑一体化应用示范项目。不仅如此，绿色工坊本身还是国内最大的变风量测试台，所采用的多种测量法的使用范围和精度都达到了我国与国际的先进水平，并取得了相关资质的认证。这是源牌人应得的荣誉与骄傲。

源牌的另一份骄傲，则是他们的绿色低碳建筑科技馆。这个馆区相比绿色工坊面积更大，达到18000平方米。承担着诸多任务的科技馆，天然携带着一项任务，一项看似不可能完成的任务：实现真正的零排放，这也是源牌为自己打造的旗舰与样板产品。

零排放科技馆屋面所加装的光伏发电设备发电功率在100kW左右，意味着它一年的发电量能够达到10万度。如果光靠发电，按照我国传统建筑平均能耗比计算，低碳科技馆年均总耗电量应在25万度左右，那么这个发电量只能勉强承接住馆内一半的耗电量。所谓开源节流，如果在源头上已经没什么更好的进展，那么节约就成了另一条出路。通过20余项室内外建筑节能技术，比如屋顶、墙体和外窗的各种隔热材料、涂料的启用等被动建筑技术，绿色照明技术、建筑电气与楼控技术，等等，多管齐下，源牌奇迹般地将耗电量压到了10万度左右，降低了整整60%，最终实现了零排放。

低碳馆中还有一块展示的屏幕界面，上面显示着跟建筑能耗与室内环境有关的多种数据。这些数字每15分钟刷新一次，准确详尽地罗列了低碳馆的环境温湿度、噪声值、空气的洁净程度，并通过内置的一套打分系统，经不同数值的参数权重折算，得出一个建筑综合健康度的打分。

实际上，源牌在后来不仅实现了零排放，还在某种意义上超过了预期，实现了负的能源动态平衡。在连上了电网之后，发电多于用电时，将其卖出；发电不足电量时再将其买回。后来并网的光伏发电系统，全年累计发电10万千瓦·时，超过了用电量。

这座科技馆，一方面是零排放的超前践行，另一方面还是源牌重要的实验室。在这里，建立了大型变风量空调系统实验室、气流组织实验室、人工环境实验室、大数据分析中心和培训演示仿真中心等，对源牌的核心产品与技术——VAV与楼控系统进行系统和产品性能、控制系统性能、系统控制策略、能效分析与改进，以及末端气流组织、产品噪声等进行试验和测试研究，为源牌在变风量工程技术研究提供全方位技术支撑。

通过源牌人不懈的努力，他们建成了世界一流的科技馆与实验室，它有概念性的超前，又是实打实的成品。在未来很长一段时间，源牌的总部就是对外最好的宣传工具，也是能够拿下诸多重量级项目的原因之一。

比如中信大厦，2015年12月12日，源牌已经正式签约中信大厦项目，中信大厦的业主们携机电总包的中建安装，来到了源牌集团总部进行参观考察。源牌专业的技术人员从整体和细节详尽介绍了源牌在低碳建筑和绿色环境领域的技术研发成果。随后，还陪同他们一一参观了源牌变风量末端、低温风口、电磁热量表、纳米导热复合蓄冰盘管等产品制造车间，零距离地接触了产品的实物。随后，被眼前景象所打动、兴趣盎然的团队就关心的细节问题，如机电自控方案、变风量一体化智慧控制柜、产品安装调试、售后服务等进行了深入讨论。后来，这些实物、这些技术，都在中国尊的建设与运行中，发挥着不可替代的作用。

2017年11月，也正是在中信大厦项目中与源牌结缘的AZBIL，即日本著名的楼宇自控公司阿自贝尔到访源牌。来访者包括当时的市场本部长、后来的社长兼CEO山本清博，国际本部长押田裕介、中国室长望月史宏等。在低碳馆内先后参观、详细了解了科技成果展示厅、数据中心以及源牌中央空调在办公区域内的实际应用情况后，这群资深的业内人士对源牌在建筑节能、智慧低碳领域所作的自主创新给予了高度肯定。2020年年初接任阿自贝尔社长兼CEO的山本清博赞美道："我们今天参观源牌的'零能耗试验示范楼'，展现出来的智慧低碳能源和中央空调技术达到了我在日本所见到的最好水平。"

2018年3月29日，在中信大厦调试工作最紧张的日子里，源牌低碳馆迎来了中信和业总经理王伍仁一行。叶水泉董事长介绍"零能耗楼"运行情况，王伍仁仔细察看源牌新一代RVC300系列VAV控制器、源牌纳米导热复合盘管蓄冰装置、应用于中国尊项目的触摸型VAV温控器，先后参观了科技成果展示厅、数据中心、实验机房、西门子&源牌建筑能源环境协同控制实验室、屋顶光伏电站等。

源牌的"e源服务云平台"给王总留下了深刻的印象，他提出，希望源牌能针对中国尊项目编制一套运维方案，通过双方精诚合作，建设、调适、运维好中国尊中央空调系统，为大楼创建一流的空气品质，同时做到能耗更低，为国内超高层创造出新的标杆。

中信大厦的高要求、高标准给了源牌一个更高更大的平台，通过这个平台培养出了一支吃苦耐劳、刻苦奋进的源牌队伍，对于源牌在未来项目中高水准的执行、管理具有很大的促进作用。

这些源牌的硬实力，和源牌空调工艺与自控技术完美结合的软实力，足以扛起楼宇自控的民族品牌。

当我们谈起洋品牌与国产品牌之差时，有一种声音总是说，市场需要竞争，才能完成自净与进化。幸好，中国数千年来，从来也不缺志向远大的实干家。

聚沙可以成塔，滴水总会穿石。对于叶水泉们来说，他们就要当这样的水滴、这样的砂石，常人难以关注的楼控市场，就是他们要穿破的坚石。

坚持中国品牌，并且坚定坚持下去。做一些有意义于节能减排，有利于中国，在建筑能源环境领域能够与国际著名品牌同台竞争的事情。这就是源牌的低碳梦。

某种意义上，源牌的成功，要感谢开明的业主们。他们愿意倾听陌生的声音，愿了解全新的事物，愿意用理性去分析得失优劣，而不是迷失在权威的谬误里。

万事开头难，把握住一个机会，就会迎来无数的可能；竞胜过一次洋牌，就还会有未来的凯旋。

在这个过程中，许多外国品牌最初是漫不经心、不屑一顾，接着便感到错愕，当发现情况不对时，便也开始了自我改良。

在北京某项目的投标过程中就发生过这么一件事：经过数月技术比拼，源牌技术排名第一，但业主遵从最低价中标的原则，为此逼得两个世界500强的国外楼控品牌自降身价，一个报价1269万元，一个报价1205万元。同时，源牌的报价是1257万元，与这个项目失之交臂。

源牌虽然失标，但遗憾之余又有欣喜，因为他们做到了一件以往绝不可能发生的事情。根据经验，如果没有源牌横空插入，这些国际品牌喊出的价格都不会低于1600万元。而且，过往投标，这些跨国公司都是找代理商投，而这一次竟然直销竞标。是源牌的出现，让他们感觉到了危机感，逼得这些跨国公司开始正视中国的楼控问题，逼得这些跨国公司不再暴利中国楼控市场，逼得这些跨国公司朝着有利中国楼控市场的方向做出改变。这一切微妙的改变，都是源牌这些年努力的方向与愿望。因为这才是良性的竞争，能带来市场进化的竞争。曾经一群人默契地瓜分着市场，突然来了掀桌的革命者，逼得他们也必须自我改革才能继续留在竞争的舞台上。

情况在日渐好转，叶水泉却没有停止思考。他们已经做了几百个项目，但是很多时候，还是饱受刻板偏见之苦。怎么样才能打出一个响亮的品牌名声呢？既然并不比我们做得更好的企业都有叫得响的品牌，那我们为什么不能有呢？

2019年，对源牌来说是重要的一年，中信大厦投入运营；在同一条长安街上，人民大会堂的空调自控改造项目花落源牌。

作为国家象征意义的重要场馆，人民大会堂以前也是用的变风量空调，但却没有一个合适的控制系统，所以一直依赖人工调节。这个人工的变风量办法说来也有趣，比如有领导人要到某间办公室，就会有专人先行前往测量温度，再根据室外温度来判断风阀开合位置。而几乎所有的办公室，都是采用这样的办法。原因无他，还是因为所运行的DDC不够给力之故。这种人工调节，速度太慢，工作人员测量温度需要时间，调节阀门又需要时间，等待空调送风还是需要时间。如此一来，变风量空调优势全无，甚至还不如分体空调来得方便快捷。对源牌来说，人民大会堂的改造工作没有任何技术难度。由于房间较大，所以大会堂房间不设末端，只各安装一台空调机组与温度传感器，便达到了舒适节能的效果。

现在，中信大厦与人民大会堂，这两座都有源牌技术助力的建筑，在首都的天空下，遥遥相望。一个是北京的高度地标，一个是北京的政治地标。

对于源牌来说，每念及此，便觉得心潮澎湃。

正如清华紫光的内存颗粒对三星的挑战，让三星再不敢借口工厂着火而随意涨硬盘内存的价；正如韬光养晦的京东方和飞马吃掉在肆意涨价的外国面板份额后，如今在国内外电视、电脑与手机屏幕行业都占有极重分量；正如港珠澳大桥的桥墩，正如万吨推力的国产振动台，正如世界第一的起重机……

这些看上去或更恢弘或更贴近民生的进步，其实不过是同样心怀国家的奋斗者、实干家们，在不同领域做出的同样的努力。

中国，正因为有这样的脊梁，而屹立传承千年。

源牌一直坚信，技术是解决一切问题的利刃。因此，他们坚持自主创新，坚持用低碳能源技术为建筑创造绿色健康环境，与国际知名品牌同台竞争，在北上广深杭等一线城市树立标志性建筑应用业绩，获得市场的逐步认可。在这个竞争舞台上，"源牌自控"展示的是它的情怀和智慧，它与祖国同频共振，持续创造出一个个令国际友人羡慕的成绩。

源牌耐住了寂寞，他们坚持了20年，让源牌变风量中央空调从无人知晓，到声名渐起，到在北上广深杭等一线城市标志性楼宇实现成功示范，逐步走向二线城市。源牌变风量中央空调及控制系统逐渐成为国人的宠儿、走向国际市场并成为行业的最爱。

前路漫漫，"源牌自控"，必争朝夕。